冶金行业职业技能鉴定培训系列教材

轧钢生产典型案例

——热轧与冷轧带钢生产

主编 杨卫东

北 京

冶 金 工 业 出 版 社

2018

内 容 简 介

本书是"冶金行业职业技能鉴定培训系列教材"之一，全书共分上、下两篇，以技术总结的形式通俗地介绍了近年来热轧带钢生产、冷轧带钢生产等方面的轧钢生产典型案例。

本书可作为轧钢工人职业技能培训和职业技能鉴定培训教材，也可供有关工程技术人员及大专院校相关专业师生参考。

图书在版编目（CIP）数据

轧钢生产典型案例：热轧与冷轧带钢生产/杨卫东主编. —北京：冶金工业出版社，2018.7

冶金行业职业技能鉴定培训系列教材

ISBN 978-7-5024-7765-3

Ⅰ.①轧… Ⅱ.①杨… Ⅲ.①轧钢学—职业技能—鉴定—教材 Ⅳ.①TG33

中国版本图书馆 CIP 数据核字（2018）第 110562 号

出 版 人　谭学余

地　　址　北京市东城区嵩祝院北巷 39 号　　邮编　100009　电话　（010）64027926

网　　址　www.cnmip.com.cn　电子信箱　yjcbs@cnmip.com.cn

策划编辑　张　卫　责任编辑　俞跃春　贾怡雯　美术编辑　彭子赫

版式设计　孙跃红　责任校对　郭惠兰　责任印制　牛晓波

ISBN 978-7-5024-7765-3

冶金工业出版社出版发行；各地新华书店经销；三河市双峰印刷装订有限公司印刷

2018 年 7 月第 1 版，2018 年 7 月第 1 次印刷

787mm×1092mm　1/16；12 印张；288 千字；177 页

39.00 元

冶金工业出版社　投稿电话　（010）64027932　投稿信箱　tougao@cnmip.com.cn

冶金工业出版社营销中心　电话　（010）64044283　传真　（010）64027893

冶金书店　地址　北京市东四西大街 46 号（100010）　电话　（010）65289081（兼传真）

冶金工业出版社天猫旗舰店　yjgycbs.tmall.com

（本书如有印装质量问题，本社营销中心负责退换）

编 者 的 话

在中国政府倡导弘扬工匠精神、培育大国工匠、打造工匠队伍、实施制造强国战略的引领下，本系列教材从贴近一线、注重实用角度来具体落实——一分要求，九分落实。为此，本系列教材特设计了一个标志Ĝ。

本标志意在体现工匠的匠心独运，字母G、J分别代表"工""匠"的首字母，♥代表匠心，G与J结合并配上一颗心，形象化地勾勒出工匠埋头工作的状态，同时寓意"工匠心"。有匠心才有独运，有独运才有绝伦，有绝伦才有独树一帜的技术，才有一流产品、一流的创造力。

以此希望，全社会推崇与学习这种匠心精神，并成为年轻人的价值追求！

编者

2018 年 6 月

前　　言

　　本教材是为了便于开展冶金行业职业技能鉴定和职业技能培训工作，依据技术工人职称晋升标准和要求，以及典型职业功能和工作内容，经过大量认真、细致的调查研究，充分考虑现场的实际情况编写而成的。在具体内容的组织安排上，考虑到岗位职工学习的特点，力求通俗易懂，图文并茂，理论联系实际，重在应用。

　　本教材系统地介绍了近年来热轧带钢生产和冷轧带钢生产等方面的轧钢生产案例，内容贴近一线，丰富实用，指导性强。本教材的读者对象主要是在岗的一线技术工人，也可供有关工程技术人员及大专院校相关专业师生参考。本教材的姊妹篇《轧钢生产典型案例——中厚板和棒线材生产》一书也由冶金工业出版社出版，可供读者选择参考。

　　本教材是校企高度合作的成果，由首钢技师学院杨卫东担任主编，首钢工学院李铁军、首钢技师学院李琳担任副主编，首钢工学院梁苏莹、首钢技师学院张红文参编。在编写过程中参考了大量文献资料，得到了有关单位的大力支持，在此一并表示衷心的感谢！

　　由于编者水平所限，书中不妥之处，敬请广大读者批评指正。

编　者

2018 年 2 月

目　录

上篇　热轧带钢生产

下篇　冷轧带钢生产

上篇 热轧带钢生产

1 1580 热轧精轧头部轧破解决措施

1.1 引言

头部轧破即热轧带钢生产中，精轧在轧制薄规格（如 1.6mm×1175mm、2.0mm×1250mm、2.3mm×1275mm 等）时，硬质钢种轧件带钢头部穿带出现破碎的现象。这种情况往往发生在精轧机组后段机架，它会导致轧辊辊面损伤、带钢表面出现凹凸块或辊印缺陷，严重时直接导致带钢废品。因此轧破破坏了精轧的轧制稳定性、连续性，严重时将影响合同完成率、事故辊耗加大，增加了工序制造成本。

随着 1580 热轧生产线轧制品种的多元化，每月生产硬质薄规格批量不断增大，造成带钢在精轧轧制稳定性上存在较大问题，头部轧破事故显得尤为突出，预防、减少带钢头部轧破成为技术人员和操作人员的重点、难点工作。

1.2 原因分析

1580 热轧生产线头部轧破问题的主要原因有 4 个方面：

（1）板型模形较差，机架间浪形较大，造成的穿带不稳。

（2）头部温度低，AGC 调节较大。

（3）二级设定偏差较大，造成秒流量不等，引起的头部轧破。

（4）设备功能精度差，磁尺跟随性不好等。

1.2.1 优化板形，防止窜辊变化大造成头部轧破

【案例 1-1】1 月 11 号 22：05 轧制第 1 块 SDC06 2.5mm×1299mm 规格，精轧穿带时，F6 头部略偏传动，且为双边浪，F7 咬钢后操作侧随即起大浪并轧破，操作工及时调整后状态恢复正常，后面中间坯在线改规格为 5.0mm 厚度，同时 F7 改为软空过模式轧制。

（1）设定精度、负荷对比正常。对精轧设定精度、最终压下率给定进行对比，轧制力设定精度都在正常范围之内；操作工对压下率分配合理，上游机架的压下率增大，下游机架变化较小尤其是 F6、F7，一定程度上缓解了厚度变化带来的下游机架状态突变的风险，应该说是合理的趋势。F7 咬钢 2s 时实际轧制力显示在 1000t 左右，比上一块 3.0mm×

1247mm规格增大100t左右，轧制力变化不大，应该不至于造成影响，而且在起浪2s之后AGC才开始下压，应该与AGC下压无关。对比情况见表1-1~表1-3。

表1-1　轧制力偏差的对比　　　　　　　　　　　　　　　　（%）

项目	F1 轧制力偏差	F2 轧制力偏差	F3 轧制力偏差	F4 轧制力偏差	F5 轧制力偏差	F6 轧制力偏差	F7 轧制力偏差
上一块	-2.29	-2.26	-2.04	-2.70	-2.39	-2.31	-3.37
轧破	-1.13	-1.61	-4.21	-3.73	-2.63	-3.07	-2.29

表1-2　与上一块压下率的对比　　　　　　　　　　　　　　（%）

项目	F1 压下率	F2 压下率	F3 压下率	F4 压下率	F5 压下率	F6 压下率	F7 压下率
上一块	40.81	39.89	36.79	28.05	25.39	21.15	11.46
轧破	44.64	42.77	37.91	29.72	27.86	20.60	11.29

表1-3　与上块窜辊的对比　　　　　　　　　　　　　　　　（mm）

项目	F1 实测窜辊	F2 实测窜辊	F3 实测窜辊	F4 实测窜辊	F5 实测窜辊	F6 实测窜辊	F7 实测窜辊
上一块	28	45	54	55	4	63	80
轧破	50	64	40	37	28	-5	15

（2）板形采用自动模式，前后机架窜辊趋势及大小不合理，应该是起浪的影响因素。

由此可得板形在自动模式下控制不合理，相邻两块带钢窜辊变化较大，机架间浪形较大，造成穿带不稳，出F7后头部操作侧轧破。由此案例可知轧破的主要原因就是板形控制不合理，造成带钢浪形严重，产生轧破现象。在以后的减薄轧制过程中2.0mm以下薄规格头部浪形都较严重，带钢头部平直度命中率低于50%，所以改善板形控制很重要。

1.2.2　头部温度低，辊缝下压导致轧破

【案例1-2】精轧在轧制减薄过程中，轧制板坯 SPA-H 1.9mm×1115mm 规格时，精轧穿带后F7轧机驱动侧突然起浪，操作工手动干预水平值后精轧恢复可控状态。

通过数据比较分析得知，此次事故的主要原因是F4~F7辊缝出现大幅下压，特别是F7辊缝下压500μm，由于带钢穿带时辊缝出现下压，瞬间秒流量不匹配，导致头部轧破。通过进一步分析得知带钢头部大幅下压的原因是头部温度低，带钢头部较厚，于是监控AGC快速做出响应，压下辊缝，导致F4~F7轧制力上升，从而导致带钢流量不平衡而跑偏轧破。

1.2.3　L2设定精度差，薄规格精轧活套与AGC控制头部失调

【案例1-3】轧制第一块 SDX53D 2.5mm×1210mm 堆钢。录像显示F7出口带钢头部基本正常，4~5s后，操作侧起浪，轧破。F6/F7侧视显示：活套在F7咬钢后张力大，4s左右抬起过程中，轧件有失张现象。F6/F7俯视：F7咬钢4s左右开始向传动侧摆动。

通过PDI数据可知F7咬钢4s后F6、F7轧制力偏差由稳定开始变化，操作侧起浪，轧件逐步向传动侧跑偏。AGC压下量此时达到-0.2mm，L6#活套角度波动10°~30°，轧件

失张造成起浪。此次事故的主要原因是 L2 设定精度差时，带钢穿带时秒流量失衡，出现堆拉关系。穿带结束，输出 AGC 辊缝调整量，压下过程中没有压下速度补偿，只靠活套角度变化后，自动调整速度级联。由此当 AGC 调整量较大时，活套出现震荡，轧件失张造成起浪。

在钢种和规格过渡时，1580 二级模型设定偏差比较大，造成带钢头部厚度超差，机架间秒流量不匹配，机架间带钢浪型明显，影响穿带和轧制稳定性，严重时很容易导致堆钢。

1.2.4　设备精度导致的头部轧破问题

1580 生产线最初轧制薄规格时经常出现头部穿带机架间突然起浪跑偏轧破现象。此现象主要是由于 AGC 压下不同步造成的。由于 AGC 缸和伺服阀等各个液压元件的特征（响应速度、相应时间等）不一样，磁尺跟随性也不同，同一个机架的传动侧和操作侧下压永远不同步，精轧的出口温度低，机架间的张力设定较小，这又大大增加了 AGC 的控制要求，AGC 控制稍微有些差异就会造成轧制的不稳定性。

1.3　对策措施和效果

通过对上述典型的头部轧破案例剖析，基本明确了几类常见轧破问题的具体原因，从而可采取有针对性的对策措施。以下是 1580mm 热轧线在轧破问题上所采取的措施和效果。

（1）优化板形控制系统，机架间可采用微边浪轧制，便于观察和有利于运行的稳定，轧机出口用微中浪控制，保证带钢冷却后的板形平直。具体措施：

1）先后多次改进精轧 F1～F7 工作辊的辊型，减少了轧辊的不均匀磨损，降低了辊耗。

2）采用均匀窜辊模式，控制了局部磨损造成的带钢隆起，延长了辊期，保证了机架间浪形。

3）对模型控制配置参数进行相应的修改，提升薄规格轧制稳定性。

（2）有效治理机架间的漏水问题，采取有效措施保证带钢的头部温度。

1）减少精轧机架间工艺水漏水，尤其是后机架间各类工艺水漏水问题，对轧制薄规格影响更大。减薄前，将机架间冷却水阀模式改成手动-关闭模式，对于关闭不严的水阀关闭手动阀以减少漏水。

2）提高带钢头部穿带时的温度，提高穿带稳定性，FSB 使用单排除鳞。

3）换辊检查刮板漏水情况，保证封水效果。

（3）对二级设定计算进行优化，对于负荷分配不合理的要进行人工修正。

1）对于小于 2.0mm 以下规格，优化了监控 AGC 控制能力，使薄规格调整幅度和调整速度得以优化。

2）修订了活套的自重系数，按不同厚度层别分级，优化了活套角度和张力控制的增益系数，活套抖动趋于平稳。

（4）利用检修时间，完善设备精度，保证轧制状态。

1）改进 AGC 缸的防转功能，增厚压盖板、加装防转滑块，使 AGC 缸偏转增加了约束性。

2）改进了精轧 AGC 缸磁尺与缸体的连接方式，消除瞬时跟随问题，提高磁尺的跟随性和响应。

3）通过合理的优化精轧阶梯垫板的使用方案，缩短了 AGC 缸的伸出行程，提高轧制的稳定性。

4）及时更换磨损较大或有故障的零部件。

1.4　取得成果

明确头部轧破的原因之后，通过各方面人员的共同努力，采取有针对性的措施，目前 1580 生产线薄规格头部轧破的问题得到了有效的控制。薄规格轧制过程中因头部轧破的事故次数由 2015 年月均 2.16 次降低至 2017 年月均（1~6 月）0.5 次，头部轧破事故数量月均降低 1.41 次。

1.5　结束语

经相关专业人员和操作工的共同努力，目前 1580 生产线薄规格产品中马口铁 1.8mm、1.7mm 厚度规格及 SPA-H1.9mm、1.6mm 厚度规格都已实现稳定生产，尤其在 SPA-H 减薄轧制时，可由一块 2.9mm 直接过渡到 1.9mm，并且做到了稳定轧制。这些对于 1580 生产线扩大产品结构、提高产品质量起到了积极的作用。

2　2250 精轧机缩短换辊时间的实践

2.1　引言

在热轧板带生产线中，精轧机工作辊换辊是热轧生产中必要的工艺环节。随着生产节奏的加快，换辊次数增加，换辊时间过长的问题与生产快节奏需求的矛盾日益突出，成为影响成本和产能的重要因素。2016 年在正常生产外的影响作业时间因素中（见图 2-1），换辊的影响占 26%，占比较大。2016 年 2250 生产线平均换辊时间为 14.83min，宝钢湛江 2250 生产线平均换辊时间为 12min，存在着较大差距；同时，各个班组也迫切希望缩短换辊时间提高产量；缩短精轧机工作辊换辊时间，首先需要确定精轧机工作辊的换辊流程，其次要明确影响精轧机工作辊换辊时间的主要因素，最后还需提出改善措施，形成标准化作业，并长期坚持，落实好这些措施。

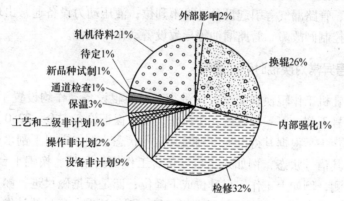

图 2-1　2016 年正常生产外的影响作业时间因素

2.2　精轧机工作辊的换辊流程

热轧作业部 2250 精轧机工作辊换辊时间指本轧制单元最后一块钢成卷时间至下一轧制单元第一块钢成卷时间之间的时间间隔。精轧机工作辊的换辊流程包括换辊准备、抽旧工作辊、平台横移、装新工作辊及轧机标定 5 个步骤。

2.3　影响精轧机工作辊换辊时间的主要因素

对 2016 年 9~12 月影响换辊时间的因素进行统计，由图 2-2 可知，影响精轧机换辊时间的主要因素为换辊设备动作不到位、电气信号异常及换辊小车定位不准等。同时，换辊控制程序、换辊操作方法、轧机标定程序等对每次换辊都有影响。

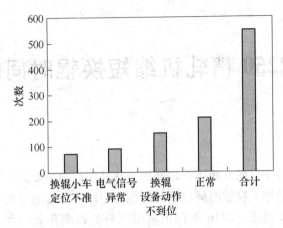

图 2-2　影响换辊时间的因素

2.3.1　换辊设备动作不到位对换辊时间的影响

精轧机工作辊换辊机械设备中，除入出口刮水板为气缸动力外，其他设备如入出口导位、活套、提升轨道、上下辊轴头抱紧、上下辊夹紧板、上下阶梯垫、换辊横移平台及上工作辊提升等都为液压动力。气缸动力设备通常出现的问题是气缸密封老化漏气或进水、气缸控制阀故障、管路漏气等引起设备动作不到位；液压动力设备通常出现的问题是缸体密封老化漏油、控制阀故障、管路漏油等导致设备动作不到位。

2.3.2　电气信号异常对换辊时间的影响

为了保证精轧机工作辊换辊安全有序进行，对换辊设备动作均设置了电气信号连锁，如果上一步骤信号不到，下一步骤就无法操作，从而保证设备安全。2250 生产线电气信号有 5 种控制方法：一是根据其得电失电判断其信号状态，例如入口下刮水板；二是根据限位开关接通判断其信号状态，例如入出口导位、工作辊夹紧板、换辊平台、轴头抱紧等；三是根据压力检测，例如上工作辊提升位或下降位；四是根据磁尺进行测量，例如上下阶梯垫，CVC 窜辊缸等；五是根据编码器进行测量，例如活套。通过统计发现，电气信号出现故障的设备主要有入出口刮水板或导卫、上下辊夹紧板、HGC 缸快开、轴头抱紧、上下阶梯垫位置、CVC 中心位等，如果信号不到，操作人员需先确认现场设备已到位后，才可通知电气人员进行临时强制，操作人员确认现场设备和电气人员强制信号都需要时间，并且当自动化强制信号后，自动换辊终止，需要操作工手动操作进行换辊，所以电气信号不到会严重延误换辊时间。

2.3.3　换辊小车定位不准对换辊时间的影响

换辊小车定位不准对换辊时间影响较大，主要体现在 E11、E12、E13 等位置不准及小车位置跳变。E11 位定位不准，会导致上辊落不到位，这时需要操作工手动微调才可以将上工作辊准确落至下工作辊上的定位销中；小车 E12、E13 位定位不准，会导致装辊时上辊或下辊装不到位，此时需要手动向前推小车或将小车位置标小后重新向前推小车，从而使上下辊装到位；小车位置不准时会导致自动换辊中断，影响换辊时间。由于小车电缆卷筒老化,如图2-3所示,反馈电信号异常,造成小车位置跳变,对换辊时间的影响也很大。

图2-3　改造前换辊小车电缆卷筒

2.3.4　换辊控制程序对换辊时间的影响

在换辊准备阶段,从开始换辊至旧工作辊上辊落辊,操作工需要操作30个控制钮,在操作过程中,还需要多次切换操作画面,影响换辊时间。在抽旧辊阶段,活套提升,入口和出口导卫有抽出信号后,才允许调整上阶梯垫,由于阶梯垫调整和导卫抽出没有干涉,存在着时间的浪费;在上工作辊落下调上垫时,工作辊平衡缸压力需要低于5bar(1bar=100kPa)并且持续5s才有lower信号,有时压力低于5bar不稳定,导致lower信号来得晚,影响换辊时间。小车从E11返回到E6时,小车的运行速度为0.2m/s,用时56s;在平台横移过程中,平台横移速度为0.15m/s,平台横移时间约50s;小车从E6前进到E12时,小车的运行速度为0.2m/s,用时57.5s;由于小车运行速度和平台横移速度较慢,换辊时间受到影响。

2.3.5　换辊操作方法对换辊时间的影响

由图2-4可知,甲班平均换辊时间较短,其他班组的平均换辊时间较长。通过跟踪甲班换辊过程发现,他们班组换辊操作方法有以下优势:一是小车开始抽旧工作辊时,通知加热炉走梁,当小车开始装新工作辊时,通知加热炉出钢;二是精轧机辊缝清零打开过程中,R2最后一道次放钢;三是操作人员分工明确,主控室1个人,地面操作4个人,当换辊过程中出现两架需要手动操作时,地面人员1人赶回主控室帮忙;四是当旧工作

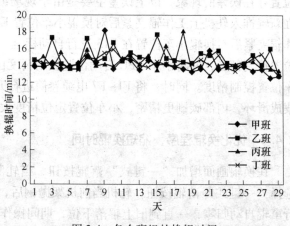

图2-4　各个班组的换辊时间

辊抽出轧机后,1人负责横移平台,其他3人检查板道,并且轧机板道检查速度较快。

2.3.6　轧机标定对换辊时间的影响

在轧机换辊完成，轧机辊缝标定前需要恢复 F1~F7 HGC 缸伺服和弯辊，共 14 个操作按钮，操作恢复时间较长。2250 精轧机的辊缝零调平均耗时约 150s，而 1580 精轧机辊缝零调时间约 120s，影响零调时间的主要原因在于轧机 HGC 缸快开至产生 500kN 压靠力过程中的压下速度过慢。当压靠轧制力不超过 500kN 时，2250 生产线精轧机辊缝零调速度为 0.25mm/s，而 1580 生产线精轧机辊缝零调速度为 1mm/s。

2.4　缩短精轧机工作辊换辊时间的措施

2.4.1　制定合理的设备点检周期，减少换辊设备故障的发生

对于气缸做好封水，防止进水导致设备动作不畅；根据前期设备出现故障的频率，对气缸或液压缸及管路等制定出合理的点检周期，发现设备动作异常及时进行更换。

2.4.2　制定合理的电气检测设备点检周期，保证检测准确

通过 ODG 曲线，对换辊设备的磁尺，压力传感器、编码器等进行监控，发现异常及时进行更换。对得电失电控制的信号需要对其线路、接线盒进行检查维护及制定检查周期，发现异常及时进行更换；对限位开关控制的信号，除了需对其线路、限位开关进行检查维护及异常更换外，还要避免设备颤动或人为操作不当对其造成的破坏。

2.4.3　提高小车位置定位精度

换辊小车是执行整个换辊过程的核心设备，其速度控制的稳定性及位置定位的准确性直接影响设备的使用寿命和上下辊对销孔的准确性。经过长时间对换辊小车的跟踪发现，造成换辊小车自动位置控制精度不能保证的主要原因是由于换辊小车位置反馈精度不能得到保证造成的，换辊小车 APC 自动位置控制在运行一段时间后会发生位置反馈值和实际位置存在误差的现象，以上误差主要是由于现场编码器与小车行走的距离存在累计误差。在新辊推入轧机上工作辊夹紧后对换辊小车位置 E12 进行自动标定，在新辊推入轧机下工作辊夹紧后对换辊小车位置在 E13 进行自动标定，实践证明，这种方法大大提高了小车的位置控制精度，并将小车 APC 自动位置控制精度由 ±5mm 修改为 ±1mm，进一步提高了小车位置控制精度。同时，将 F1~F7 电缆卷筒进行升级，如图 2-5 所示，改造为全封闭式的集成滑环，内部碳刷更精密，小车位置定位精度大幅提高。

2.4.4　优化换辊程序，缩短换辊时间

在换辊画面增加"一键式"落辊按钮，当轧制单元的最后一块钢在 F7 穿带完成后，选择"一键式"落辊按钮，轧机当前机架抛钢后，精轧机组模式切换为换辊模式，轧机进行窜辊自动归零，一直到旧上辊落下位，期间操作工不用进行手动干预，每次可以节约换辊时间约 16s。在抽旧辊阶段，活套提升和入出口导卫抽出与调上垫同时动作，节约时间约 10s；在上工作辊落下调上垫时，工作辊平衡缸压力需要低于 50bar（1bar=100kPa）并且持续 5s 有 lower 信号，节约时间约 5s。经过与传动、电机专业结合，小车从 E11 返回到

图 2-5　改造后换辊小车电缆卷筒

E6 时，小车的运行速度由 0.2m/s 修改为 0.3m/s，用时 37.3s，节省时间约 18.6s。经过与机械、液压专业结合，在平台横移过程中，平台横移速度由 0.15m/s 修改为 0.4m/s，平台横移时间约 20s，节省时间约 30s。经过与传动、电机专业结合，小车从 E6 前进到 E12 时，小车的运行速度由 0.2m/s 修改为 0.3m/s，用时 57.5s，节约时间约 19.1s。

2.4.5　编写换辊操作方法，缩小各班组差异

通过现场不断跟踪，确定了加热炉走梁和出钢的最佳时刻，明确了换辊分工，明确了板道检查项目等，见表 2-1；并编写了《换辊操作步骤》，进一步统一四个班组的操作方法，缩短了换辊时间。由图 2-6 可知，四个班组的换辊时间大幅降低，班组之间的换辊时间差异在 1min 之内。

表 2-1　统一操作方法

项　　目	改　进　前	改　进　后
加热炉走梁时刻	装新辊时	抽旧辊时
出钢时刻	轧机开始标定时	装新辊时
R2 放钢时刻	轧机标定完成时	轧机清零打开辊缝时
主控室人员	主控室 1 人	主控室 2 人
自动化人员	在一级室对讲联系	在主控室等待
板道检查	板道检查不明确	明确检查项目

2.4.6　优化轧机标定程序和方法，缩短换辊时间

将 F1~F7 HGC 缸伺服和弯辊恢复画面分别增加"一键式 HGC 缸快开复位"和"一键式恢复弯辊"操作钮，将 14 个操作按钮变为 2 个快捷钮，节省时间约 5s。通过分析轧机辊缝标定程序，精轧机零调时间可以在确保零调准确性的前提下进行提速，当压靠轧制力不超过 500kN 时，2250 生产线精轧机辊缝零调速度由 0.25mm/ 修改为 0.35mm/s，观察 1 个月后，将辊缝零调速度由 0.35mm/s 修改为 0.5mm/s，观察 1 个月后，辊缝零调速度由 0.5mm/s 修改为 1mm/s；又经过 4 个月跟踪，确定对轧制状态没有影响；现在轧机平均标定时间约为 100s，缩短标定时间约 50s。

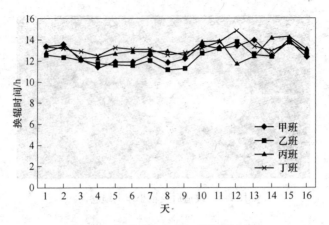

图 2-6　改进后各个班组的换辊时间

2.5　结束语

通过对机械设备和电气信号进行周期监控和检查维护，提高小车的定位精度，换辊控制程序和轧机标定程序和方法不断优化，统一换辊操作方法等，2250 热轧板带生产线精轧机工作辊换辊时间从 14.83min 降至 12.88min，如图 2-7 所示，最短换辊时间为 9min40s，达到国内同类型钢铁厂的先进水平，每年增加生产时间约 51h，为公司创造效益约 384 万元。

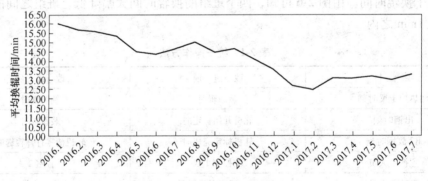

图 2-7　平均换辊时间趋势图

3 2250 热轧钢卷塔形缺陷产生的原因与控制

热轧钢卷的外形缺陷是影响产品质量的重要因素。最常见的热轧钢卷外形缺陷为塔形（内塔、外塔）、层错，如果能在实际生产中将塔形、层错等外形缺陷控制住，不仅能提高产品一检合格率，而且能提高成才率，减少吨钢成本。对此，结合实际生产，总结几点出现塔形的原因和控制措施。

3.1 塔形产生的原因

塔形包括内塔、外塔和层间塔形（层错）。塔形产生的原因有：

（1）带钢头尾跑偏严重。这是造成内塔和外塔的最直接的原因，原料板坯自身存在镰刀弯或是存在楔形、加热制度不合理造成板坯横向受热不均、精轧机架间冷却水不均、精轧调平值不合理均会造成成品带钢跑偏。如果成品带钢自身存在严重跑偏，那么钢卷肯定会存在塔形缺陷。

（2）轧制中心线不对中。在设备投产前期可能不存在此现象，但是随着生产任务增加，设备更换频次增加，如果更换完侧导板就只是简单的对开口度进行标定的话，久而久之就可能造成卷取侧导板与精轧机组和卷取夹送辊轧制中心线不对中。如果轧制中心线偏移，那么带钢在卷取过程中会有横向的一侧的拉力，可能会刮伤带钢边部，严重时会"拉"着侧导板移动，造成严重"鼓肚"缺陷。

（3）侧导板磨损严重。卷取侧导板应当保证每天更换，而且最大磨损量控制在 5mm 以内。如果侧导板磨损严重可能会导致侧导板夹不住带钢或薄规格带钢"扎缝"，造成外形或质量缺陷。

（4）侧导板连杆销轴磨损严重。侧导板是通过液压缸连接的连杆销轴驱动动作，如果连杆销轴磨损严重，会导致液压缸和侧导板动作不一致，且标定时有较大误差，容易出现塔形。

（5）夹送辊或助卷辊不水平。如果夹送辊（尤其是下夹送辊）或助卷辊不水平的话，头部进入夹送辊或卷取机时会顺势跑偏，产生塔形。

（6）张力太小。尤其是强度较高或是较厚规格，如果卷取张力太小，易出现层错，尤其是当 F7 抛钢后，层错尤为明显。

（7）侧导板待钢间隙和短行程不合理。侧导板等待间隙过大、侧导板一次短行程太小或二次短行程触发时序太晚均易出现塔形，这也是最容易出现塔形的原因。

3.2 塔形的控制措施

（1）提高精轧操作水平，减少带钢跑偏。首先需要精轧操作准确熟练，而且从加热源头就要为精轧创造良好条件：入炉板坯检查、烧钢温度均匀、粗轧控制好中间坯镰刀弯等，便于精轧操作调整。

（2）轧制中心线对中调整。利用每次检修对卷取侧导板进行轧制中心线对中调整，规范标定方法，坚持用模块标定，而且要用沃尔特尺测量开口度，保证最大误差在 3mm 以内。

两个标定模块必须在与液压缸移动方向相反的方向上安装在辊道上。一旦它们被定位好，标定按钮被按下，标定程序就会立即开始运行。开始阶段两个侧导板必须被轻推到最外侧位置。然后，同时向中心线移动 20mm。一旦到达这个位置并且计时时间满后，压力控制器就把当前的压力值设定为零。然后两个侧导板慢速关闭，直到接触到标定模块。施加的压力被限制为 10kN。一段等待时间结束后，位置传感器的实际值适合标定模块定义的位置。然后侧导板完全打开，标定过程结束。然后用专用沃尔特尺进行测量校正。侧导板标定如图 3-1 所示。

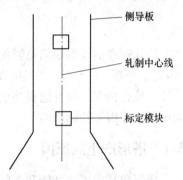

图 3-1　侧导板标定简示图

（3）侧导板要勤于更换。侧导板是保证卷形的最重要工具，要保证两侧侧导板的总磨损量控制在 5mm 以内，必须保证每天更换，以便保证卷形和边部质量。

（4）注意检查更换侧导板连杆销轴。更换侧导板时注意检查侧导板的连杆销轴的磨损间隙，如果间隙过大，利用大的检修时间或年修必须更换处理。

（5）保证夹送辊和助卷辊水平。在更换夹送辊或助卷辊时，要注意测量辊缝，尤其是下夹送辊安装时必须要测量水平，保证下辊水平。而且在要定期对辊缝进行测量校核，保证两侧水平偏差以及轧辊磨损情况符合要求。如果偏差超出标准需提报更换计划。日常生产中利用轧机换辊时间或其他停机时间对夹送辊和助卷辊的辊缝进行测量，对其水平值和其磨损量进行评价。

（6）增加高强钢的卷取张力。对于一些卷取温度相对较低而且强度偏高的钢种，应适当增加卷取张力，但是不能片面地增加张力，要匹配夹送辊的压力，避免因精轧 F7 抛钢后带钢后张力较小出现层错。

（7）改进侧导板短行程工艺。这是卷取造成塔形缺陷最关键的因素，之所以这样说是因为侧导板动作行程分带钢头部 2 次短行程关闭和带钢尾部 1 次短行程打开。所以，侧导板短行程的动作时序和动作距离就显得尤为重要。侧导板短行程控制如图 3-2 所示。

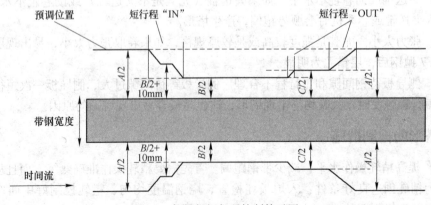

图 3-2　侧导板短行程控制简示图

侧导板在带钢到达之前为等待位置（图 3-2 中 A 值），当带钢到达夹送辊前 CMD 处，CMD 检测到带钢时执行第一次短行程关闭，当芯轴咬钢信号建立后执行第二次短行程关闭，然后侧导板转为压力控制（或位置控制），当尾部 HMD 检测无后侧导板，执行短行程打开（图 3-2 中 C 值），当夹送辊抛钢后侧导板设定到下一块带钢的等待位置。

正常的侧导板等待间隙大约为 110~120mm（图 3-2 中 A 值），第一次短行程关闭行程约为 50~60mm，第二次短行程关闭行程约为 40mm，轧钢间隙为 15~20mm（图 3-2 中 B 值），短行程打开行程约 40mm（图 3-2 中 C 值）。当然，这和其钢种、规格均有关系，需要卷取操作工根据所轧制钢种规格进行适时调整。

偏差 A 是预调整位置（等待间隙），偏差 B 是短行程关闭（轧制间隙），偏差 C 是短行程打开（尾部间隙）。

由图 3-2 可见，触发短行程的节点很重要，一次短行程的触发点为夹送辊前 CMD，二次短行程前期设定为芯轴咬钢信号的建立。因为带头二次对中时序略晚，当时易出现内塔。后经过研究攻关将二次短行程的触发点提前至夹送辊咬钢信号的建立，时序更改后效果特别显著，大幅降低了内塔的产生。

侧导板等待间隙和轧制间隙均不易过大，太大不利于带钢头部对中，间隙太小又容易产生侧导板卡钢造成堆钢事故，所以根据所轧制钢种规格合理调整侧导板的间隙值对控制塔形有所帮助。经过摸索实践，现在京唐 2250 轧线的卷取侧导板等待间隙为 120mm，一次短行程为 60mm，二次短行程为 40mm，轧制间隙为 20mm，打开短行程为 40mm，操作工针对现场实际适时进行间隙调整，取得了不错的效果。

3.3 2250 轧线塔形控制效果

塔形缺陷一直影响着 2250 轧线的一检合格率，针对塔形出现的成因，从 2015 年 2 月开始着力控制外形缺陷，从板坯入炉抓手，严格检查入炉板坯，大楔形、大镰刀弯等有明显缺陷的板坯严禁入炉，严格执行加热制度，确保横向温度的稳定，并建立温度评价考核制度。粗轧、精轧实行压铝棒、记录水平值等措施，减少中间坯和成品带钢头尾镰刀弯。卷取坚持侧导板每天更换，利用停机时间测量夹送辊、助卷辊辊缝，对其水平值进行评价。每次充分利用检修时间对侧导板进行轧线对中测量调整，保证轧线对中性。通过改进侧导板动作时序和动作间隙，加之操作工的适时调整，塔形缺陷显著降低，钢卷吨钢成本减少 0.2 元。一检合格率对比见表 3-1。

表 3-1 一检合格率对比

	1 月	2 月	3 月	4 月	5 月	6 月	7 月
一检合格率	97.2%	97.5%	98.2%	98.1%	99.2%	99.5%	99.5%

通过对 2250 轧线钢卷塔形缺陷的攻关追踪，热轧钢卷塔形缺陷在一定程度上是可控的，通过对板坯检查、合理加热、提高轧机操作水平、对卷取设备检查处理、卷取工艺的调整优化和卷取操作工的合理干预，会大幅降低钢卷塔形缺陷，提高一检合格率，达到降本增效的目标。

4　X80 头部窄尺问题研究与改进

4.1　引言

在热轧带钢生产过程中，受设备状态、工艺水平、模型精度等多种因素的影响，带钢会出现宽度控制异常问题，使得带钢部分或整体超出客户要求的宽度公差范围，特别是如果带钢实际宽度低于客户要求的公差下限，会影响客户正常使用。2017 年 1 月份、2 月份产生大量的 X80 头部窄尺现象，其中 X80 月供量 225 卷左右，缺陷卷数分别为 103 卷、112 卷，增加了客户的切损量，大大降低了公司的形象，所以，提高带钢宽度控制技术非常重要。

4.2　X80 头部存在窄尺问题

造成带钢头部窄尺的原因较多，常见的主要原因包括立辊头部短行程控制模型层别划分宽泛、板坯跟踪不准确、立辊颈缩区后辊缝关闭不到位、SSP 板坯跟踪不准确等。

在热轧生产中，X80 带钢头部出现窄尺问题，典型问题卷的精轧出口宽度偏差曲线如图 4-1 所示，图中横坐标为带钢上某点距带钢头部的距离，单位为米；纵坐标为带钢上某点宽度偏差值，单位为毫米。

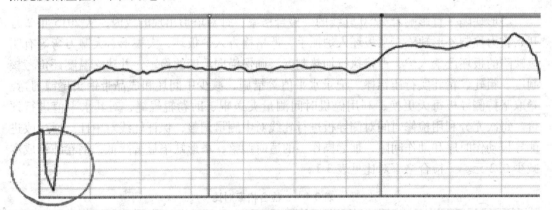

图 4-1　头部窄尺典型问题卷精轧出口宽度偏差曲线

4.3　X80 头部窄尺原因分析

在 X80 轧制时，出现批量的头部严重窄尺问题，该问题以 X80 较为典型。通过对大量现场数据的研究分析，最终确定了问题原因。

定宽机是热轧生产线主要的调宽设备，如图 4-2 所示。板坯连铸机改变板坯宽度比较复杂，定宽机的大压下能力可以满足热轧带钢不同宽度规格的需要，而且控制精度高，具有头尾短行程的功能，使通板宽度更加均匀。定宽机的投用不仅能大大提高连铸生产效率，而且能避免立辊压下凸起的"狗骨"缺陷，使得定宽机在热轧生产线的应用越来越广泛。

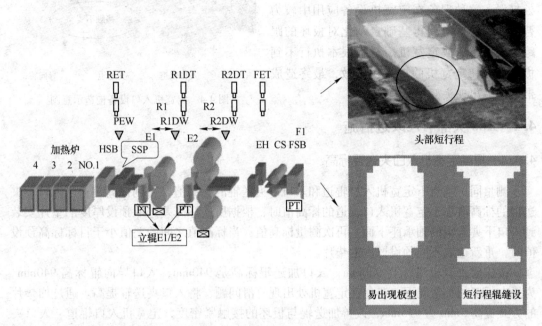

图4-2 热轧生产线主要的调宽设备

查询窄尺卷的ODG曲线参数如图4-3所示，在ODG曲线中，通过入口辊道扭矩变大且无负扭矩、入口夹送辊扭矩变小及锤头开度和定宽机主驱动扭矩对比，可知定宽机执行短行程的位置锤头还没打到板坯上，可判断板坯打滑。

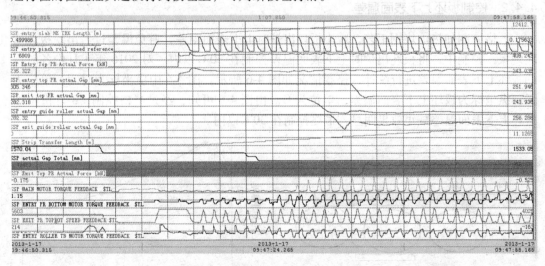

图4-3 打滑板坯各参数的ODG曲线

通过现场观察，板坯头部存在扣头现象。由于定宽机入口设备的特殊构造，入口下夹送辊为传动辊，上夹送辊和导向辊为自由辊，如果板坯扣头，在板坯进入定宽机入口下夹送辊后，扣头处搭在入口下导向辊上，板坯拱起，导致入口下夹送辊和板坯接触不实，如图 4-4 所示，会造成板坯在入口下夹送辊处打滑。这种现象在定宽机设备应用中较为普遍，板坯打滑使得基础自动化对板坯的跟踪不准确，造成定宽机短行程根本执行不到板坯上，使定宽机的短行程失效，最终造成带钢成品出现头部窄尺问题。

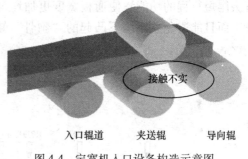

图 4-4　定宽机入口设备构造示意图

4.4　X80 头部窄尺改进措施

4.4.1　提高定宽机入口夹送辊标高

测量同一基点下定宽机入口辊道和入口下夹送辊的标高值，得到标高差；当入口下夹送辊的标高值小于定宽机入口辊道的标高值时，根据所述标高差选取预设厚度的垫片安装到入口下夹送辊的轴承座下面，再次测量标高值；当标高值之间的差值小于目标标高预设值时，重新选取不同预设厚度的垫片。

改进前入口辊道标高 930mm，入口加送辊标高是 940mm，入口导向辊标高 940mm。为了在板坯扣头情况下，避免在定宽机处出现打滑问题，将入口夹送辊提高。通过加垫片的方式提高 5mm 为 945mm，改善加送辊与板坯的接触紧密度，定宽机入口辊道、入口夹送辊、入口导向辊如图 4-5 所示。并且制定了入口下夹送辊标高定期测量与更换要求，纳入过钢通道检查表检查范畴，要求标高低于 943mm 加垫片（根据标高添加垫片，垫片厚度范围不得超过 10mm），低于 935mm 要求更换夹送辊，更换周期为 10 个月，如不满足要求立即更换。

4.4.2　控制板坯上下表面温差

严格控制加热炉烧钢工艺，减小板坯出炉时上下表面温差，避免温差过大出现板坯弯坯现象。控制中，将板坯出炉时上下表面温差控制在 30℃ 以内。对 2016 年 3 月份各时段的板坯上下表面温差进行统计，控制情况如图 4-6 所示。图 4-6 中横坐标为时间，单位为天；纵坐标为板坯上下表面温差，单位为℃。由图 4-6 可知，经过严格控制，3 月份出炉板坯上下表面温差减小效果明显，最终控制在 30℃ 以内。

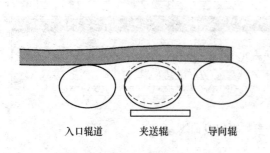

图 4-5　定宽机入口辊道、入口夹送辊、入口导向辊示意图

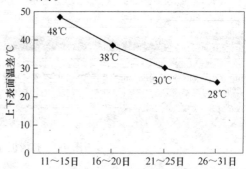

图 4-6　2016 年 3 月份出炉板坯上下表面温差曲线

4.4.3   重新调整加热炉的布料模式

加热炉原来的布料模式为梅花布料模式，梅花布料如图4-7所示。

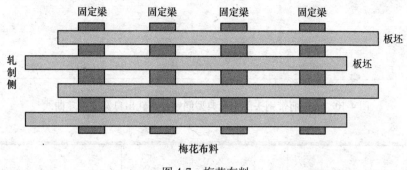

图4-7   梅花布料

加热炉固定梁的长度为2.5m，适合9700mm的板坯的固定梁长度为7500mm，梅花定位0.6m，总有1.6m没有搭在固定梁上，50%的钢在烧钢过程中在重力作用下会产生严重扣头，如图4-8所示。

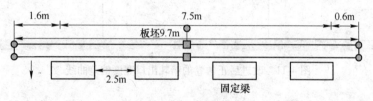

图4-8   定位示意简图

由于梅花定位布料方式（见图4-7）总有板坯头部存在较大扣头现象，所以将X80管线钢全部采用轧制侧定位方式，如图4-9所示，减少扣头产生。

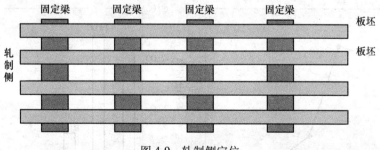

图4-9   轧制侧定位

4.5   取得效果

改进前带钢在精轧出口宽度偏差曲线如图4-10所示，改进后带钢在精轧出口宽度偏差曲线如图4-11所示，两图中横坐标为带钢上某点距带钢头部的距离，单位为米；纵坐标为带钢上某点宽度偏差值，单位为毫米。从两条曲线可以看出，带钢头部窄尺问题得到解决。

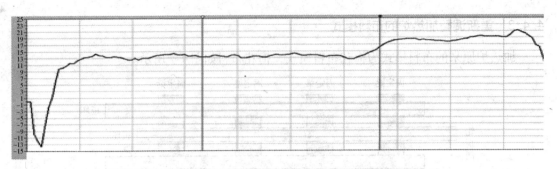

图 4-10　改进前带钢头部窄尺典型问题卷精轧出口宽度偏差曲线

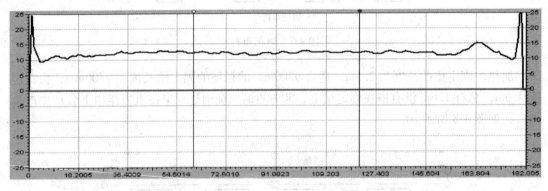

图 4-11　改进后正常卷的精轧出口宽度偏差曲线

对于板坯跟踪不准确原因造成的带钢头部宽度窄尺，通过提高定宽机入口夹送辊标高，控制板坯上下表面加热温差、调整加热炉布料方式，解决了板坯在定宽机前打滑的问题，以及因此造成的 X80 头部窄尺的问题，3 月份缺陷卷数下降到 23 块，4~6 月份没有头部窄尺问题卷，如图 4-12 所示，缺陷卷逐渐下降至 0，问题得到了根本解决。

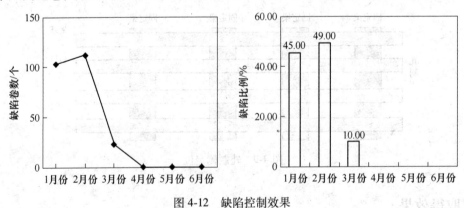

图 4-12　缺陷控制效果

4.6　经济效益分析

头部窄尺部分无法满足客户的需求，在使用过程中需要切除，有的切除后无法满足定尺长度需整卷报废，损失返摊公司，每卷的切损量约 8m，8/146×28.9（单重/t）=

1.583t，切损比例达到 5%，每卷损失 7607 元，若产生缺陷卷数为 107.5 卷，则损失为 7607×107.5＝817752.5 元。

4.7　结束语

通过对 X80 钢头部窄尺问题的深入分析，制定可实施方案，解决了定宽机头部打滑引起的短行程执行部位异常的现象，有效地改善了头部宽度，大大地满足了客户使用要求，不但挽回了公司形象，还为公司赢得了效益。

5 薄规格热轧带钢甩尾问题研究

5.1 引言

2250mm 热轧生产线采用了当今国际轧钢领域的 20 多项先进技术，整体工艺技术装备达到国际先进水平。设计具有轧制厚度 1.2~25.4mm 带钢的能力，目前 1.6mm 薄规格带钢已经达到量产。在生产过程中，薄规格甩尾现象时有发生，破坏了生产的顺稳，直接影响轧制产量、生产成本和成品质量，所以值得深入研究和探讨，首钢京唐 2250mm 热轧生产线工艺流程如图 5-1 所示。

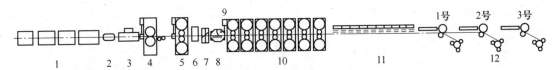

图 5-1　2250mm 热轧生产线工艺流程

1—加热炉；2——次除鳞机；3—定宽压力机；4—E1/R1 轧机；5—E2/R2 轧机；6—边部加热器（预留）；7—切头飞剪；8—二次除鳞机；9—FE1 轧机；10—精轧机组；11—层流冷却系统；12—1 号~3 号卷取机

5.2 甩尾的概念

甩尾是指精轧机在轧制薄规格或者硬钢种宽轧件时带钢尾部极其不稳定，出现抖动跑偏，在这种状态下进入下一机架，最终造成带钢尾部折叠和破碎的现象。

5.3 甩尾的原因及解决措施

2250mm 生产线薄带生产过程中，甩尾的原因及其对应的解决措施主要有以下几个方面。

5.3.1 操作工调平直给定不合理

甩尾一般都是由于操作调平原因引起的，由于轧辊调平不合适造成带钢前进秒流量沿宽度分布不均或偏离了轧制中心线（$v_{ds} > v_{os}$），在机架失去张力的瞬间，跑偏加剧，尾部折叠或反转打在侧导板上进入下一机架造成甩尾，如图 5-2 所示。传动侧辊缝大即 $H_{ds} > H_{os}$，机架秒流量大，张力大，操作侧辊缝小，秒流量小，张力小，造成秒流量和张力分布不均（$T_{ds} > T_{os}$），在抛钢的瞬间，由于张力的纠偏作用，使带钢往操作侧跑偏，严重时出现甩尾。在生产中抛钢瞬间将根据辊缝和跑偏方向上抬调平直，根据跑偏的严重程度来决定调整量的大小。也可适当增大活套的张力来减小张力差，防止发生甩尾。

操作工调平是通过上抬或下压工作辊操作侧来控制轧件的跑偏或浪形。及时有效地调平操作是有效防止跑偏发生的最直接方法，总结起来主要有以下几点。

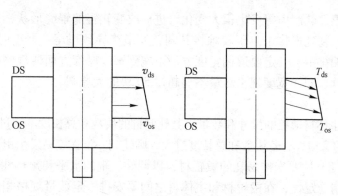

图 5-2 调平原因引起的甩尾

（1）根据抛尾过程中的起浪和跑偏调平，驱动侧和操作侧哪边起浪抬哪边；向哪边跑偏，压哪边。

（2）根据两侧的延伸情况来调平，在穿带和抛尾过程中，操作工通过观察轧件头部和尾部当前机架的形状，尽量使头部和尾部两侧的延伸量一致，即通过观察轧件头部及尾部两侧的长短来调节，操作侧长则抬操作侧，驱动侧长则压操作侧。还有通过地面人员观察轧件头部撞击侧导板的情况来判断跑偏，如果是撞操作侧，则是压操作侧；如果是撞驱动侧，则是抬操作侧。

（3）从上游机架开始修正，头部和尾部分别修正，尽量使得头尾水平值向一起靠拢，并避免轧件头部起套。利用 F1、F2 尽量消除粗轧来料楔形的影响，它是整个精轧板形控制中的重中之重。轧中间规格时，精轧操作工将水平值调整稳定，减薄后尽可能减少调平干预量，保证辊缝状态稳定。

（4）在带钢抛钢过程中，手动适当降 F5~F7 机架的弯辊值，有利于带钢的对中防止跑偏。

5.3.2 中间坯存在镰刀弯或者楔形

粗轧和精轧机不同，由于粗轧出口没有测厚仪，所以粗轧的段面形状和尺寸不能准确地在线反映出来，我们只能根据其头部形状来判断，一般粗轧头部弯向工作侧，则工作侧厚度大于传动侧厚度，这种来料可以称为楔形，抛尾时可以将 F1 下压 0.05~0.15mm，并且将 F2 下压 0.03~0.10mm，以便后面机架可以控制，但由于粗轧轧制的不稳定性会造成不同程度的中间坯镰刀弯或楔形，尤其当粗轧立辊减宽量较大，中间坯头尾镰刀弯或楔形将会更严重。在精轧上游机架调整不到位时，这种中间坯的镰刀弯或楔形会自动遗传，操作工将由于轧辊水平调整量较大而较难调整到位，导致下游机架严重甩尾。因此，中间坯的板形状况对于精轧操作工控制带钢跑偏是非常重要的。

解决措施：

（1）多炉共同生产时，减小由于炉间温差所造成中间坯间的板形变化。

（2）优化粗轧立辊、减薄时使用 1+5 轧制模式，并使用减宽量较小的板坯。

（3）粗轧操作工提高操作水平，为精轧提供较平直的中间坯。

5.3.3 轧制计划过渡不合理

轧制计划过渡不合理，包括厚度、宽度、钢种等其中的一种或几种不合理，它将导致轧机的窜辊、弯辊、轧制力等发生很大变化，进而改变轧辊的辊缝形状，使当前的轧辊水平值严重不合适，精轧操作工由于较难将其调整而最终导致甩尾。严重时还会造成废钢，所以在生产计划编排中，一定要遵循宽度方面由宽到窄、厚度方面薄规格尽量安排在辊前期、硬度由硬到软、同一宽度规格尽量不要超过50块的大原则。

解决措施：

（1）先确定主体材薄板的尺寸和数量，其轧制批的块数和总长度不宜过大，因为薄板轧制压力大，轧辊的磨损大，若块数和总长度过大，则轧到一定程度易发生甩尾甚至废钢。

（2）每一辊期开始要安排易轧的烫辊材，以调好轧辊的水平和预热轧辊，使轧辊热凸度稳定，增加轧制稳定性；在烫辊材和主体材之间要安排一定数量规格相近的过渡材，以调整和控制轧制状态，增加轧制稳定性，轧薄板前应安排与薄规格相近的过渡材，以实现厚度和宽度的平稳过渡。

（3）厚度过渡的原则一般是从厚到薄，厚度跳跃值为前一规格的 10% ~ 15%；宽度过渡的原则一般是从大到小，相邻两轧制批的宽度差一般为 50 ~ 100mm；钢种过渡时，尽量保证轧制钢种强度相近。

5.3.4　轧机负荷分配不合理

在热连轧生产中，板形板厚控制的对象都是有载辊缝的形状，所以负荷分配也是带钢板形控制的基础。同时由于轧制过程中辊形的不断变化，而对每一卷带钢都重新进行兼顾板形的负荷分配，以充分发挥轧制力对有载辊缝凸度的积极影响。因此可以将轧制力作为带钢板形的一个调控手段，进而提高弯辊力的调控能力，降低弯辊力超出调节范围的可能，保证轧制的稳定性，减少甩尾的发生。

热连轧机组分配各架压下量的原则是：一般是充分利用高温的有利条件，把压下量尽量集中在前几机架。对于薄规格产品，在后几机架轧机上为了保证板形、厚度精度及表面质量，压下量逐渐减小。但对于厚规格产品，后几机架压下量也不宜过小，否则对板形不利。具体分配如下：

（1）第一架轧机考虑到带坯厚度的波动，可能对咬入造成困难，压下量应略小于最大压下量。

（2）第二、三架给予尽可能大的压下量，以充分利用设备能力。

（3）以后各架轧机逐渐减小压下量，到最末一架一般在 10% ~ 15% 左右，以保证板形、厚度精度及性能质量。

除了上述所列基本原因外，牌坊与轴承座磨损严重导致间隙过大、轧件本身存在裂纹、活套传感器突然失灵等甚至一些不可控因素都会造成轧制的不稳定性，这就要求加强设备功能精度，为生产稳定防止甩尾提供保障。

5.4　结束语

通过结合热轧 2250mm 薄带生产中发生的甩尾进行分析，总结甩尾的原因及解决措施：操作工的精调细操，保持良好的中间坯版型，合理的安排轧制计划，时刻注意压下率的分配，加强设备功能精度等。通过采取这些合理的解决措施，能够有效地控制和消除甩尾，保证正常的生产。

6 高强管线钢 X80、X70 扣翘头解决方法

6.1 引言

某热轧厂自建厂至今，管线钢 X80、X70 在轧制过程中精轧机 F1 产生大的扣翘头一直是攻关的主要方面。

由于 X80 屈服强度为 560MPa、X70 屈服强度为 500MPa，强度和硬度级别较高，在轧制过程中，精轧机 F1 经常产生较大的扣翘头，对设备的冲击较大，现场操作人员和自动化、设备、工艺人员通过讨论、对现场的研究和交流，对中间坯出精轧机产生较大的翘头（扣头）的原因进行总结，最终制定了一套合理的方法，解决了管线钢 X80、X70 扣翘头问题。

6.2 产生扣翘头的原因及其相应的解决方法

（1）板坯温度的均匀性。通过合理优化在炉时间和减少炉压的波动，X70 加热炉均热、二加上下温差均按 40℃ 控制；加热炉加热过程中温度过渡时注意平滑过渡，逐步降低出炉温度到 X70 的目标出炉温度，不能突升突降，监控整个 X70 轧制过程中各块带钢的出炉温度及上下表面温差，优先保证 X70 各项温度。

（2）摆钢要求。减少粗轧区的摆钢时间和辊道上的停留时间，摆钢利用 R1、R2 结合摆钢方式，R2 第 4 道次后的摆钢时间控制不超过 50s，提高轧线除鳞、冷却水的封水效果，使板坯温度的均匀性明显提高。

（3）轧线的封水效果。对轧线各区域内的侧喷加强清理，对喷嘴角度进行调整，优化测压机、飞剪剪刃冷却水的流量，能够大大提高中间坯温度的均匀性。同时加强现场巡检，对发现现场封水效果不好时，及时进行处理。

（4）中间坯的扣翘头。中间坯头部板形的控制不能有较大的上翘、下扣现象。当出现较大扣头时，会对现场设备造成较大冲击；当出现大的翘头时，由于现场冷却水会对头部造成冷却不均，中间坯头尾温度均匀性会大大降低，造成精轧机在轧制过程中头部产生大的扣翘头。同时大的扣翘头也会对产品质量造成一定影响，在成品头尾产生裂纹和翘皮缺陷。

（5）负荷分配。减小 F1 机架的负荷分配，防止 F1 机架负荷分配过大，产生大的扣翘头，在二级数据中限定 F1 机架的负荷分配。精轧 F1 机架的压下量设定不超过 25%，F2 机架、F3 机架充分利用设备能力和带钢高温的有利条件，尽可能给予较大的压下量进行轧制。F4~F6 机架，随着轧制温度的降低，变形抗力增大，为了保证板形、厚度精度和表面质量，应逐渐减小压下量。一般情况下，为了控制带钢的板形，F6 主要起控制成品带钢板形的作用，其轧制力应该控制在 1000t 左右。对于极限规格薄规格、高强管线类规格，为了控制带钢的板形，F6 的压下率一般控制在 10%~15%。为了控制厚度精度，F6 的电流不应该超过 50%。F1~F6 的轧机电流分配应均匀一致且逐渐减小。见表 6-1。

AR 为相对压下量，RF 为绝对轧制力。

表 6-1　X70 轧制过程中精轧机负荷分配

	中间坯	F1	F2	F3	F4	F5	F6
负荷分配		AR	RF	RF	RF	RF	RF
压下率/%		25	26	29	19	16	13
辊缝（厚度）/mm	54	43	31	22	18	15	13
压下量/mm		11	12	9	4	3	2
轧制压力/kN		22231	20100	18110	14362	11443	89123
电流/%		23	27	23	30	23	21

相对压下量不受外界因素影响，设定压下量不会变化；对于绝对轧制力，应根据轧制温度、轧辊辊径、钢种等因素合理优化轧机的轧制力，使轧机不会负荷超限。

（6）轧辊辊径。精轧岗位检查上机轧辊直径，保证 F1 轧辊直径大于 840mm，当不满足要求时，应联系磨辊间进行更换，由于各机架压下率受轧辊直径的影响较大，所以需要操作人员检查二级设定计算。当个别机架分配异常或者出现异常趋势，应及时进行调整。在换辊之前，要认真核对轧辊数据。主要包括辊号（Roll ID）、辊径（Diameter）辊型（Shape）等数据，见表 6-2。

表 6-2　F1~F6 机架工作辊的辊型和辊径

	F1	F2	F3	F4	F5	F6
辊型	CVC	CVC	CVC	CVC	CVC	CVC
精轧机上工作辊辊径/mm	846.15	810.55	786.10	726.37	706.15	740.79
精轧机下工作辊辊径/mm	845.91	810.26	786.07	726.23	706.00	740.79

F1 辊径采用大辊径，减小 F1 的负荷分配，防止 X70、X80 高强管线钢出 F1 时产生大的扣翘头。

（7）精除鳞用 X70 模式。采用中间坯头部不除鳞，提高中间坯头部温度的均匀性，减小中间坯在精轧机轧制过程中的扣翘头。

（8）终轧温度的修改。终轧温度前两块钢手动修改为 810℃，保证带钢温度均匀性，待轧制稳定后，调整为 800℃。

（9）设备等其他外部原因。由于轧制 X70 对设备冲击较大，轧制 X70 换辊前后，操作人员和设备人员应检查设备情况（包括精轧机架出口导卫、精轧机出入口擦辊器、活套角度）。

在换辊过程中，要仔细检查擦辊器的磨损情况以及擦辊器基座变形情况。同时在轧钢过程中要密切关注擦辊器的封水情况，如有异常要及时通知相关专业处理。下擦辊器检查容易成为盲点，一定要仔细检查，尤其是支板螺栓是否有松动、缺失，如有发现一定要及时处理。

在轧制 X70、X80 等厚硬钢种前，要对精轧机活套角度进行检查确认，带钢穿带前活套角度为 10.2°，高于下游机架的入口导位 3°~5°，当活套角度过低时，应及时进行标定处理，防止对导位造成严重撞击，造成废钢的严重事故。

通过应用以上方法，X70、X80 等高强管线类钢种头部均匀性将明显提高，扣翘头大大减少，对设备冲击大大减小。

7　高强汽车板薄规格穿带异常跑偏分析和控制措施

7.1　引言

7.1.1　生产线介绍

2250mm 热轧生产线采用了当今国际轧钢领域的 20 多项先进技术，整体工艺技术装备达到国际先进水平。设计具有轧制厚度 1.2~25.4mm 带钢的能力。精轧机组为 7 架四辊不可逆轧机，采用全液压压下和 AGC 系统、先进的弯辊+连续可变凸度控制（CVC plus）的板形控制技术以及低惯量活套，适于轧制薄规格、低凸度带钢产品。首钢京唐 2250mm 热轧生产线工艺流程如图 5-1 所示。

7.1.2　高强汽车板

高强度钢是实现汽车轻量化和提高被动安全性能的主要材料。随着我国汽车工业的快速发展以及汽车保有量的不断增长，汽车减重、节能、小型化、安全、环保等受到人们的普遍关注，高强钢汽车板将是今后汽车板发展的主流，大量使用高强钢是解决汽车减重、节能、安全、环保的重要途径。

随着公司汽车板开发的不断推进，热轧高强汽车板系列产品不断完善。涵盖钢种见表 7-1。

表 7-1　汽车板品种

序号	品种大类	典型热轧牌号
1	低碳铝镇定钢	SPHC、SPHD、SDC01、SDC03、SDX51D、SDX52D
2	超低碳 IF 钢	CR2、CR3、CR4、FEP 06、FEP04、IF30Nb、SDC04、SDC05、SDC06、SDC07、SDX53D、SDX54D、SDX56D、SPHE、SPCEN
3	含磷高强钢	170P1、210P1、220P2、250P1、HC260P
4	高强 IF 钢	H180YD、H220YD、H260YD
5	烘烤硬化钢	CR180BH、H180BD、H220BD、H260BD、HC180B
6	优质碳素高强钢	20、30、40、45、S220GD、S250GD、S280GD、S320GD、SPFC390、SPFC440、St37-2G
7	冷轧双相钢	CR260/450DP、CR300/500DP、CR340/590DP、CR420/780DP、DP450、DP590、DP780、FE500DPF、FE600DPF、HC550/980DP、HCT600X
8	高强低合金钢	H260LA、H260LAD、H300LA、H300LAD、H340LA、H340LAD、H380LA、H380LAD、H420/590LA、H420LA、H420LAD、S350GD、S400GD

7.1.3　生产问题

在实际生产过程中，高强汽车板（含磷高强钢、高强 IF 钢、烘烤硬化钢、冷轧双相钢、高强低合金钢）轧制稳定性相对较差。高强薄规格在穿带时，后部机架容易发生突然跑偏，并且跑偏严重，尤其是 F6、F7，跑偏后导致带钢轧破及堆钢，调整难度较大。比较突出的钢种主要有 170P1、250P1、H180YD、H220YD、H340LA、S320GD 等。

7.2　原因分析

7.2.1　高强冷轧料薄规格轧制难度大

首先，高强冷轧料强度较高，多数钢种含有合金元素，比如 H420LA 含 Nb、Ti，合金元素一方面会增加轧件强度，另一方面还会增加轧制难度。其次，高强冷轧料的终轧温度一般较高，比如 H220YD 为 930℃、170P1 为 920℃、H340LA 为 880℃，较高的终轧温度使得穿带速度快，不利于稳定穿带，控制难度较大。再次，高强汽车板一般宽度较大，并且强度高，板形控制难度大。板形不良会影响穿带的稳定性。

7.2.2　辊期排产、规格过渡

通过对以往事故的分析，排产问题主要集中在以下几个方面。第一，辊期位置靠前，轧辊尚未良好的烫辊，轧机调平尚未找正，不利于高强薄规格的轧制。另外，高强薄规格轧制风险大，一旦堆钢，轧辊间无法正常完成备辊，影响事故处理时间。第二，规格过渡不合理，宽度跳跃、厚度差异大、过渡钢种强度差异大等因素容易导致轧制状态变化大，增加控制难度，影响高强钢轧制的稳定性。第三，同辊期相邻或相近位置安排有低温轧制的计划，使加热炉在烧火时有所顾忌，导致板坯加热不充分，增加轧制难度，如果保证加热质量则需要保温，但保温待轧对精轧不利，轧辊热凸度变化还会影响轧制的稳定性，并且保温待轧时间长影响产量。

7.2.3　加热温度

板坯加热质量影响轧制稳定性。板坯加热可以提高金属的塑性，降低变形抗力，尤其对于强度较高的钢种。保证加热温度，保证 R2DT 是稳定轧制的前提。图 7-1 所示为一起 H220YD 4.5×1421mm 规格堆钢事故的辊期出炉温度趋势，从图 7-1 可以看出，出钢温度的不断下降最终导致了堆钢的发生。

不同炉次的出钢温度差异对轧制状态的影响较大。一方面，不同的轧件温度会导致精轧设定发生变化，温度较高时负荷更多的往前部机架分配，有利于轧制稳定。温度较低时则会往后部机架分配。不同轧件的温度差异会导致设定计算时各个机架负荷来回变化，不利于轧制稳定。另一方面，温度差异会导致粗轧中间坯状态不稳定，一个炉次一个状态，产生来回的跑偏，对精轧轧制十分不利。

7.2.4　粗轧来料

粗轧轧制时，辊缝不水平、板坯楔形、轧件两侧温度不均等原因会导致轧件两侧延伸

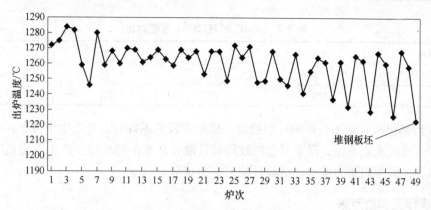

图 7-1 堆钢辊期出炉温度趋势

不一致，轧件会产生镰刀弯和头部形状不齐。如图 7-2 所示。

粗轧来料是否有镰刀弯，头部形状是否两侧延伸一致，对精轧轧制影响较大，尤其对穿带和抛尾影响更大。当中间坯有镰刀弯时，带钢在轧机内会偏向一侧，严重时会撞侧导板，并且跑偏会导致带钢偏离轧制中心线，加剧带钢在机架内跑偏，后部机架还会产生浪型，严重时会导致活套失张，

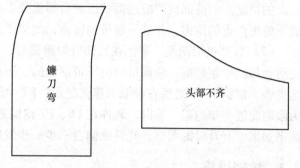

图 7-2 镰刀弯和头部不齐

甚至堆钢。另外，操作工为纠正带钢跑偏会调整两侧辊缝，这就可能导致原本水平的辊缝变得不水平，而当粗轧跑偏方向发生变化时，在轧机内会导致偏向另一侧的更加严重的跑偏。

7.2.5 板形控制变化对穿带的影响

（1）窜辊变化影响穿带。很多高强冷轧料穿带跑偏堆钢事故都是发生在换钢种第一块时，分析这些事故可以发现，钢种规格发生变化时，窜辊发生了较大的变化，变化量跟钢种强度变化成正比。窜辊变化会导致辊缝形状改变，辊缝水平发生变化，将增加轧件跑偏风险。

一般情况下，钢种强度从过渡规格到高强冷轧料都是由软变硬，轧件强度升高，变形抗力增大，辊缝凸度变大。为了有效地控制凸度，板形控制模型会增加正窜辊，控制辊缝凸度。因为 F1~F4 主要是控制凸度的，所以换钢种时，变化更明显。以 SPHC 和 H420LA 为例，达到设定目标凸度时的窜辊值见表 7-2。从表 7-2 中可以看出，这两个钢种的窜辊差异巨大，如果使用 SPHC 为 H420LA 过渡，轧制稳定性难以保证。

（2）换钢种过渡时，后部机架易产生中浪。换规格第一块的板形设定是根据当前热凸度、轧辊磨损及钢种强度的预设定，并且是基于上一块带钢的自学习，实际的凸度会大于目标凸度，也就是说凸度控制一般情况下不会一步到位。换个角度来说就是换钢种第一块前部机架凸度控制不足，这会导致后部机架产生中浪，影响穿带稳定性。

表 7-2　SPHC 和 H420LA 窜辊对比　　　　　　　　　　（mm）

钢种	F1	F2	F3	F4
SPHC	-124	-75	23	-4
H420LA	129	150	150	127

（3）后部机架板形不良影响轧制稳定。机架内板形不好时，会产生中浪和双边浪，产生中浪时会造成轧制不稳，严重时会导致局部打滑，甚至中间轧破。产生双边浪时，会导致穿带困难，机架间张力波动，活套抖动，头部拉窄。

7.2.6　操作工调整方法

（1）前部机架调整。前部机架相对来讲穿带速度慢、带钢较厚，跑偏时一般不会发生轧破的情况。但前部机架的跑偏状态对后部机架影响较大，上游的跑偏如不及时纠正会造成下游更严重的跑偏，并且下游带钢较薄，跑偏严重会造成轧破堆钢。

（2）后部机架调整。带钢在后部机架跑偏时，会偏离轧制中心线。轧件在偏离中心线之后会加剧带钢跑偏，后部机架由于带钢较薄，还会产生严重的边浪，造成活套不稳，甚至失张。带钢出 F7 之后在卷取未建张之前，F7 中的轧件无法像其他机架一样有机架间张力限制而进一步跑偏，所以，轧件在 F6、F7 跑偏之后容易偏向一侧轧破堆钢。跑偏之后，调平如果没有及时的调整，轧件跑偏会一步一步发展，直至堆钢。

7.3　控制措施

7.3.1　排产要求

（1）烫辊要求。保证高强钢轧制之前烫辊充分，以 15 块为宜。有利于操作工找正状态，热凸度建立以及氧化膜形成。

（2）强度、规格过渡。主要考虑钢种之间过渡，高强系列钢过渡最好安排 SS400、Q235B、380CL、330CL 进行过渡，一般情况不用 SPA-H 过渡，尤其不要用超低碳冷轧料过渡。条件允许的话尽量采用同钢种过渡或者强度相近钢种同规格或相似规格过渡。

（3）板坯尺寸。难轧规格前面尽量不要安排 9700 长度的板坯。因为温度高会造成板坯下弯，容易造成出钢事故。轧制高强钢尽量不使用定宽机，定宽头部容易出现硬弯，对精轧调整不利。

7.3.2　温度控制

（1）加热温度。首先保证板坯总的在炉时间最好大于 200min，其中均热时间可延长至大于等于 35min，以便保证板坯"烧透"。难轧规格入炉后开始注意升温，适当提高一加热段的温度，避免因难轧规格是冷坯、宽坯造成温度提不上来，尤其要控制好一加热段的温度，因为一加热段如果控制温度较高，二加热和均热段温度就容易调整。若一加热段控制较低，二加热段和均热段就必须高温控制，有可能达不到精轧的要求。

（2）不同炉次的一致性。减少不同炉次的温度差异，偏差范围控制在 10℃以内。

（3）RDT 控制。有针对性地对 RDT 做出明确要求，见表 7-3。

表 7-3 RDT 控制范围

序号	品种大类	典型热轧牌号	RDT 控制范围
1	含磷高强钢	170P1、210P1、220P2、250P1、HC260P	厚度 > 3.5mm，RDT 控制在 1080~1100℃之间 厚度≤3.5mm，RDT 控制在 1100℃以上
2	高强 IF 钢	H180YD、H220YD、H260YD	
3	烘烤硬化钢	CR180BH、H180BD、H220BD、H260BD、HC180B	
4	优质碳素高强钢	20、30、40、45、S220GD、S250GD、S280GD、S320GD、SPFC390、SPFC440、St37-2G	厚度≤3.5mm，RDT 控制在 1080℃以上
5	冷轧双相钢	CR260/450DP、 CR300/500DP、 CR340/590DP、CR420/780DP、DP450、DP590、DP780、FE500DPF、FE600DPF、HC550/980DP、HCT600X	RDT≥1100℃以上
6	高强低合金钢	H260LA、 H260LAD、 H300LA、 H300LAD、 H340LA、H340LAD、H380LA、H380LAD、H420/590LA、H420LA、H420LAD、S350GD、S400GD	厚度 > 3.5mm，RDT 控制在 1080~1100℃之间 厚度≤3.5mm，RDT 控制在 1100℃以上

7.3.3 粗轧来料控制

（1）控制镰刀弯。镰刀弯控制在 30mm 以内，尽量正，不同炉次保持一个状态，调正或者轻微偏向一侧，杜绝来回变化。

（2）控制头部形状。头部形状一定要控制好，尽量平齐，轻微一侧突出时保证不同炉次的一致性，杜绝来回变化。

（3）使用 1+5 模式。粗轧采用 1+5 道次轧制的中间坯板形优于 3+3 道次轧制，且温降较小。轧制高强系列钢提前更改 1+5 相对稳定的轧制模式。

7.3.4 板形控制调整

（1）机架内浪形控制。在过渡时就要通过 PCFC 修正各机架浪形，尤其是后部机架。轧制高强钢时，根据强度变化情况预先调整后部机架 PCFC 中的修正值，避免产生中浪。保证带钢在机架内平直。

（2）合理修改凸度，避免窜辊大幅度变化。若过渡料强度小于高强冷轧料，过渡时采用较小的目标凸度值，一般为 0.04mm，窜辊会更接近高强冷轧料。轧制高强钢时，视窜辊情况将目标凸度改为 0.05mm 或 0.06mm，减少正向窜辊，尽量将 F1~F4 窜辊变化控制在 50mm 以内，同时调整后部机架平直度修正值，避免产生中浪。

7.3.5 轧制节奏

虽然会影响产量，但在钢种变化时，一定要降低轧制节奏。高强钢前 2~3 块控制在 3min 左右。保证有充足的参数修改时间以及调平找正。

7.3.6 操作调整

（1）前部机架调整。前部机架的主要任务就是为后一机架提供更正的来料。减少因为前面跑偏导致的后部机架跑偏加剧。前部机架控制跑偏，尽量调正。

（2）后部机架调整。首先，当前部机架穿带有跑偏一侧的趋势时，尤其是与上一块带钢方向相反时，后部机架应同时相应的调整辊缝，减少后部机架穿带时异常跑偏量。其次，当 F5~F7 发生生异常跑偏时，应立即调整辊缝，优先顺序为由后到前，由重到轻，调整时做到快、准、狠。防止轧件偏离中心线时跑偏加剧。当浪型减小，轧件回中心线时，要立即回调，同样要做到快、准、狠，当跑偏状态好转或减轻时，减小调整幅度。

（3）及时调整级联，避免带钢失张。当发生异常跑偏，活套抖动时，及时调整级联，避免带钢失张、保持张力，利用张力的纠偏作用使轧件重回轧制中心线。

7.4　取得的效果

2250 生产线 2016 年发生两起高强冷轧料头部跑偏事故，2017 年至今未发生此类事故。说明通过以上控制措施，有效控制了高强冷轧料头部异常跑偏的问题。鉴于高强冷轧料强度高，发生头部突然跑偏概率大，因此，在以后的工作中应继续保持上述控制措施，不可松懈。

8　关于粗轧宽度控制的研究

8.1　引言

热轧带钢生产过程中，成品宽度控制是很重要的一项指标，而且随着技术的成熟发展，对宽度的精度要求也越来越高，尤其是对于一些特殊钢种（如马口铁、管线钢等系列）。带钢宽度的精确控制可降低带钢的切边损耗，提高板带的成材率。所以这就要求我们能够更好地对带钢成品的宽度做出精确控制。热轧 1580 轧线热试投产之初，带钢宽度超差现象时有发生，不仅使协议品量增加同时对下游的精轧区域板形稳定控制产生了较大影响，因此总结以上问题，结合现场实际生产情况对宽超采取针对性的控制措施是非常有必要的。

8.2　热轧带钢宽度的控制方法

热轧部对于带钢宽度的控制主要来源于粗轧区域立辊和定宽机。对于减宽量小的直接利用立辊进行控制，对于减宽量大的则是立辊和定宽机同时控制。主要有以下几方面。

8.2.1　目标控制宽度

为了实现最终宽度没有负偏差，模型在进行目标控制时，采用 PDI 的精轧目标宽度加正偏差的方式进行。模型默认正偏差值定义在模型表中。同时在二级 HMI 画面上有一个供操作工修正的偏差值，如果有操作工的修正值，模型在加默认偏差的基础上再加操作工修正值进行控制。

8.2.2　中间坯宽度

为了达到确认的控制目标宽度，进而确认一个粗轧出口宽度，要进行各个道次的侧压分配。有两种方式计算中间坯宽度。

（1）没有精轧预设定，模型按照控制目标宽度加一个默认宽展值得到中间坯宽度。

（2）有精轧预设定，模型采用精轧出口宽度自学习值和精轧预设定的轧制规程计算出中间坯宽度。

8.2.3　短行程

短行程是专门控制板坯头尾宽度，而对立辊辊缝进行补偿的一项功能，模型采用曲线的方式对立辊辊缝补偿值进行设定。短行程的模型参数不具备自学习的功能，不合适的参数需采用手动调整。

8.2.4　缩颈补偿

为了防止卷取在建张时拉窄带钢，在粗轧末道次轧制时，刻意在板坯指定位置将立辊辊缝打开，以使这部分的板坯宽度比其他部分更宽。控制参数以精轧出口带钢长度为基准，并结合需要补偿的宽度反算出粗轧在末道次轧制时立辊辊缝的补偿位置和精轧小立辊的辊缝补偿位置。

8.3　影响带钢宽度产生偏差的原因及稳定方法总结

在板坯轧制过程中板坯宽度超差现象时有发生，尤其是头尾更严重，如果头部宽度过大，很容易发生精轧侧导板卡钢等事故。在总结 1580 轧线产生宽度超差具体现象、案例的基础上，对宽度偏差产生的主要原因加以总结分析，主要有以下几方面。

（1）来料坯为缺陷坯，来料温度对宽度的影响。热轧用板坯主要有冷装坯和热装坯两种，在制坯过程中，板坯尺寸可能存在较大误差，尤其在实际生产中常常会轧到有缺陷处理的板坯，如扒皮坯、回退坯等，此类板坯表面尺寸精度差，在轧制过程中表面各部位受力不均匀，各点宽展差别比较大，因此易产生长度方向上的宽度不均。因此在生产中，要尽量避免缺陷坯的产生，如果遇到缺陷坯，也应该准确测量板坯尺寸，保证尺寸的精确性，同时在轧钢过程中，要注意好来料出初除磷机后宽度曲线的反馈值，发现曲线宽度不均匀或局部偏差比较大的现象应该去现场确认。

来料温度包括来料板坯温度过高或过低和来料板坯温度不均匀两个方面。成品宽展值会随着来料板坯温度的升高而增加，当温度升高到一定值（大概 1070℃ 左右）后，宽展值会随着温度升高而有所降低。所以板坯温度过高、过低都不利于带钢的宽度控制。板坯来料如果温度不均，会使板坯各点受到不同的力的影响，使得有的地方宽展比较大，有的地方宽展则比较小，从而会造成带钢在长度方向上出现宽度不均，甚至出现宽度局部超差现象，例如头尾超宽和整体超宽现象的发生。所以在生产过程中就要求加热炉操作工提高操作水平，烧出温度合适、表面温度均匀的板坯，这样才有利于板坯宽度的控制。

（2）更换新辊后轧辊直径、相对压下量、轧制道次对宽度的影响。更换新辊后，轧辊直径和轧制道次都会发生改变，相同情况下，轧辊直径越大越有利于宽展的形成，轧制道次越多，宽展就会越小。所以换新辊后，二级模型就需要重新学习，重新设定参数。根据经验，每次换工作辊时对比新旧辊的辊径变化，看看是变大还是变小了，轧辊直径越大，宽度就会越大，根据经验和中间坯宽度设定值以及立辊辊缝值适当加减宽度补偿值。

换新辊后轧制模式一般会先使用 3+5，再使用 3+3，有时根据情况还会使用 1+5 模式。在使用 3+5 时，由于相同情况下，轧制道次越多，宽展就会越小，所以一般宽度补偿值会适当给得比平时大一点，具体根据自己积累的经验，参考中间坯目标宽度值和立辊辊缝给定宽度补偿值。

轧制过程中，相同条件下相对压下量越大，宽展就越大，宽度也就会越大，所以如果中间坯厚度用的比平时薄，就要适当减小宽补值，相反就要适当增加宽补值。

（3）宽度补偿值给定不合适对宽度造成偏差。热轧 1580 宽度主要由二级计算机模型设定参数，理想状态下宽度补偿值给定为零，但是现场实际情况往往会由于各种因素的影响使得宽度产生变化，这时候就需要操作工手动给定宽度补偿值，这主要靠操作工平时的经验积累。粗轧二级宽度模型具有自学习功能，这就要求二级人员合理优化模型设定参数，为宽度控制打好基础。

（4）粗轧立辊头尾短行程使带钢头尾宽度不均。粗轧宽度控制主要通过定宽机和立辊减宽，其中很重要的一项就是头尾短行程的控制。短行程是专门控制板坯头尾宽度，而对立辊辊缝进行补偿的一项功能，模型采用曲线的方式对立辊辊缝补偿值进行设定。短行程的模型参数不具备自学习的功能，不合适的参数需采用手动调整。短行程参数不合适，会造成头尾局部超宽或拉窄，还有可能造成精轧堆钢事故，所以短行程的控制至关重要。在轧制过程中，要时刻关注粗轧每道次的出口宽度曲线，开轧前观察立辊开口度设定是否正常，发现异常及时反馈、及时解决，避免因短行程设定不正确造成宽度不可控的现象。

（5）粗、精轧区域宽度测量仪准确度的影响。轧钢过程中需要时刻关注轧机出口带钢宽度的变化，在 1580 生产线，反馈宽度的仪表主要有初除磷后测宽仪，R1、R2 后测宽仪和精轧出口测宽仪，操作工主要通过仪表的反馈来更改宽度补偿值，以便提前更改带钢宽度，使成品宽度得到改善。所以，仪表的反馈准确度直接关系到带钢的实际成品宽度的准确性。这就要求操作工在平时要维护好这些仪表，定期检查，发现异常及时通知相关人员修理。

（6）精轧机后缩颈补偿的影响。为了防止卷取在建张时拉窄带钢，在粗轧末道次轧制时，刻意在板坯指定位置将立辊辊缝打开，以使这部分的板坯宽度比其他部分更宽。控制参数以精轧出口带钢长度为基准，并结合需要补偿的宽度反算出粗轧在末道次轧制时立辊辊缝的补偿位置和精轧小立辊的辊缝补偿位置。所以缩颈补偿值的参数给定非常重要。

（7）特殊钢种的影响。特殊钢种主要是指平时产线轧制比较少的钢种，例如 SPA-H，SS400 等钢种，这些钢种因为平时轧制比较少，模型学习还不够成熟，而这种钢各方面要求又比较高，例如 SPA-H 比冷轧料相对来说硬度更大，但是 SPA-H 因为使用的温度高，所以中间坯目标宽度控制相对来说要更小一些，实际应用中，宽补值适当给小一点会更好。在减薄的过程中，随着成品厚度的减小，宽补值也应当适当逐渐减小，如果精轧临时改厚度，一定记得要把宽补值加上去。针对这种特殊钢种，我们最好提前看看计划，计划宽度不要总是变化，再有宽度过渡不要过大，这些都不利于宽度的控制。

（8）轧制计划对宽度的影响。轧钢过程中，轧制计划对宽度的影响是非常大的。一般一个辊期计划是：先宽后窄，先厚后薄。但有时候规格变化会很大，例如有的正减宽轧制的时候当中夹杂一根或两根需要等宽或展宽轧制的，轧制一种钢种的时候当中穿插一根或几根其他钢种的，这种时候宽度往往就不是很好控制。所以就要求在做计划的时候尽量合理安排计划。再有就是开轧之前看计划，发现不合适的及时通知领导，避免钢种、规格频繁跳跃。

8.4 结束语

轧钢过程中，多种因素是同时存在的，通过以上从各个方面对 1580 轧线生产中遇到的宽度超差产生原因的分析，结合现场生产具体情况，总结提出了各项有效的稳定改善宽超的具体方法。在实际生产中通过上述方法的运用，近两年的时间中宽超现象得到了改善，宽度超差控制取得了较好的效果。

9 厚规格高级别管线钢卸卷问题的分析研究

9.1 引言

　　近几年，随着海陆油气田的连续开发建设，国内外重大石油、天然气长输管道的开工铺设，管线钢市场陡然走俏，全国各大钢铁企业拉开了厚规格高级别管线钢竞争试制和生产的序幕。

　　这类品种对于轧钢生产而言，关键的技术难点是：（1）控轧控冷。得到满足高强度、良好断裂韧性和焊接性的产品。（2）生产的安全性和产量。由于强度高、卷取温度低，再加上规格尺寸比较大，所以轧制中最大的操作风险是卷取和卸卷，而严重制约轧制节奏的环节在于卷取后的卸卷控制和操作。

9.2 卷取和卸卷的设备及控制

　　带钢卷取的主要设备有卷取机进口的夹送辊装置、卷取机内的助卷辊和芯轴装置以及卸卷小车装置。

9.2.1 夹送辊

　　带头由上辊后置的夹送辊导入地下卷取机。夹送辊装置的进口处配有稳定带钢运行、防止带尾摆动的压紧辊。夹送辊的上、下辊和压紧辊，都配有沿辊身横向布置的冷却水装置。夹送辊装置的冷却水，由基础冷却水和附加冷却水两条管路合成，而每条管路单独由电磁阀控制开关。

9.2.2 地下卷取机

　　具有胀缩功能的芯轴和环抱的助卷辊装置组成地下卷取机，如图 9-1 所示。助卷辊由配有位置传感器和压力传感器的液压缸驱动，在每次卷取过

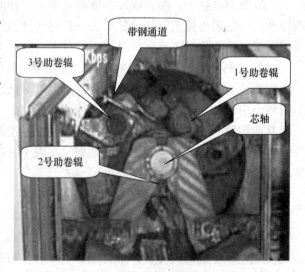

图 9-1　地下卷取机

程中，快捷、准确地实现位置控制和压力控制，以及相互之间的控制转换，并按设定的位置和压力进行卷取后期的钢卷压尾，以完成整个卷取和卸卷过程。

　　每个助卷辊都配有沿辊身横向布置的冷却水装置，而且在芯轴的进口下方，沿宽度方向设置用于钢卷冷却的冷却水装置。

9.2.3 卸卷小车

卸卷小车在卷取机下面，它把卷好的钢卷沿芯轴托出，传送到中间卷站，完成卷取后的卸卷。如图 9-2～图 9-4 所示。

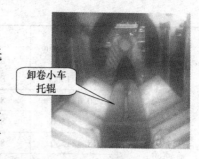

卸卷小车的升降和进退各由一个液压缸驱动。小车升降台顶部是两个自由转动的托辊，用来接卷；托辊可以通过下面液压缸驱动的抱闸装置锁紧，保障钢卷带尾在卸卷过程中的位置固定。

图 9-2 卸卷小车

图 9-3 卸卷小车托卷

图 9-4 卸卷小车放卷

9.2.4 卷取和卸卷的简要顺控

正常生产中，卷取和卸卷都选用自动控制，卷取压紧辊、夹送辊的设备冷却水，启车后始终全部常开，助卷辊和钢卷冷却水按照设定时序开关。

当卷取机咬钢后，夹送辊前的压紧辊落下压紧带钢。芯轴按照二级设定的卷取圈数，由初始的预膨胀位膨胀到过膨胀位，然后助卷辊也按照二级设定的时序打开到设定的压尾等待位，助卷辊冷却水自动关闭，钢卷冷却水自动打开。

当带尾到达夹送辊前压紧辊抬起，助卷辊以设定压力压尾，同时助卷辊冷却水打开。

当带尾进入卷取机后，程序执行钢卷第一次定尾在 9：00 位左右，芯轴、助卷辊停转，助卷辊和钢卷冷却水自动关闭。2 号助卷辊打开到最大位后，卸卷小车开始自动上升，直到接触钢卷。卷取机自动执行钢卷第二次定尾到 5：00 位左右，操作工确认定尾无误后，点击主控台面的"卸卷确认"按钮，然后卸卷小车抱闸锁紧，助卷辊全部打开，接着芯轴支撑打开，芯轴收缩到收缩位后，卸卷小车托着钢卷前进，同时芯轴慢速反转。当卸卷小车到达前极限位时，开始下降把钢卷放在中间卷站，同时卷取机设备自动恢复并启车准备接受下一卷钢的设定和卷取。卸卷小车下降到最下位后，开始返回到原始位，卸卷完成。

9.3 厚规格高级别管线钢的卷取工艺参数设定

目前厚规格高级别管线钢的屈服强度基本在 485～700MPa。为了满足性能要求，成分和规格不同，温度设定也不同。下面列举一些典型数据，见表 9-1。

表 9-1　温度设定

钢种	规格/mm×mm	终轧温度℃		卷取温度℃	
		范围	目标	范围	目标
X70	17.5×1500	800~840	820	320~450	400
	20.6×1500	810~850	830	300~340	320
	24.1×1500	820~860	840	510~600	560
X80	18.4×1550	800~840	820	300~420	340
	21.4×1550	800~840	820	300~500	450

9.4　厚规格高级别管线钢卷取和卸卷中出现的几个问题

某厂自 2009 年底开始试制厚规格 X70；2010 年 6 月在 X70 能批量生产的基础上，开始试制 15.4mm×1550mm 的 X80；2011 年 10 月开始试制 16.3mm×1550mm 的 X90；2012 年 10 月又试制 14.8mm×1550mm 的 X100，同时厚度 24.0mm 以下的 X70 和厚度 21.4mm 以下的 X80 已稳定大批量生产。

试制和生产初期，由于设备和程序控制的原因，遇到了几个难题：卷取机水汽的干扰、卸卷中松卷、散卷事故和定尾操作困难。

9.4.1　卷取机水汽的干扰

在初期轧制厚规格 X70 时，从带头进入卷取机开始到钢卷卸出，现场一片白雾笼罩，严重影响人员监控和操作，如图 9-5 所示。当带尾进入卷取机后，芯轴不停转又出现飞车事故，操作工只能采取手动停车，然后点动芯轴旋转，依靠现场人员指挥进行人工定尾和手动卸卷，如图 9-6 所示。生产一卷钢需要 20min 左右（正常轧制节奏 2~3min），更严重的是影响着安全操作。

图 9-5　卷取机中水汽笼罩

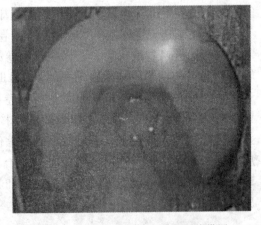

图 9-6　现场人员用强光手电寻找带尾

卷取机白雾笼罩原因分析：（1）带钢卷取温度低（基本都在 400℃以下）。（2）带钢卷取速度低（不超过 3m/s）。（3）喷洒在热卷上的冷却水量太多。因此造成卷取机内外及周围水汽太大，卷取完成后短时间内，现场人员近距离凭借强光手电才能找到带尾。再有二级带尾跟踪，是依靠夹送辊前 CMD（冷金属探测器）上下光线对射来检测的，当下面的 CMD 接收不到上面 CMD 发出的光线时，一直反馈给二级"夹送辊前有带钢"的信号。当带尾经过 CMD 后，水汽太大遮住了光线的接收，二级系统一直没有收到'带尾到达'的信号，所以没有发出卷取机降速和停车的指令，出现卷取飞车。

上述情况，在低温季节的其他钢种生产时也有发生，只是没有如此严重。从产生的原因看，突破口首选第三种因素。喷洒在钢卷上的冷却水包括压紧辊、夹送辊和助卷辊的设备冷却水，以及钢卷冷却水。实际上压紧辊冷却水是夹送辊冷却水的小分支和附属，是同一个电磁阀控制的一条管路上的大小两个终端。从设备需要和现状衡量，夹送辊系统冷却水确实太大，而且程序设计得不合理。

解决措施：（1）修改夹送辊系统冷却水开/关的控制时序为：1）卷取启车夹送辊转动时，仅自动打开基础冷却水；2）当卷取机芯轴产生咬钢信号后，再自动打开附加冷却水；3）当夹送辊发出抛钢信号后，自动关闭上述两路冷却水，直到卸卷小车把钢卷卸出卷取机时，再自动单独打开夹送辊基础冷却水。（2）把基础冷却水的手动阀调到当前开度的 15%~20%。（3）另外卷取温度低于 400℃低温钢时，手动关闭助卷辊和钢卷冷却水；轧制间隙再手动打开这两路水冷却设备。

通过对卷取设备冷却水控制的改进，消除了生产低温钢时卷取机产生水汽的问题，明显提高了机时卷数，也避免了低温季节卷取机水汽对 CMD 检测信号干扰造成的生产事故。

9.4.2　卸卷时松卷和散卷

高级别管线管由于屈服强度大，再加上卷取温度低，所以带钢在成卷中和成卷后外张的内应力特别大，这是松卷和散卷的主要因素，下面介绍一个典型案例。

2011 年 7 月 24 日 17:39，生产丙班卷取 24.1mm×1500mm 的 X70（卷号 A110724C016R），卷取机正常咬钢和卷取。钢卷一次定尾时，尾部起初停在 8:00 位置，随着卸卷小车的上升，钢卷突然出现反转（尾部向下转），操作工手动点动芯轴正转加以阻止。二次定尾时，尾部停在 4:00 位左右。操作工手动点动芯轴调整带尾位置，试图让带尾定在 5:30 位，但停止点动操作后钢卷马上反转回去。重复操作 8 次尾部终于停在 5:00 位，操作工确认自动卸卷，程序正常执行。从回放的事故录像清楚地看到，当芯轴收缩卸卷小车前进时，钢卷内圈竟然随着芯轴一起反转，如图 9-7 所示，造成钢卷内圈松卷并逐渐向外蔓延。同时钢卷外圈随着卸卷小车前进逐渐出现塔形，并不断加大，操作工见状马上拍下卸卷急停，然后手动卸出塔形钢卷，如图 9-8 所示。

钢卷为何两次定尾时都发生了反转？X70 的屈服强度在 485MPa 以上，而且事故卷的厚度是 24.1mm，再有从 ODG 温度曲线上看，带尾 6m 的温度基本在 390~475℃区间。因此钢卷向外弹开的内应力很大，并且集中在钢卷带尾接触物体的地方，弹力的方向垂直于接触点带钢的切线。钢卷第一次自动定尾后，尾部接触 3 号助卷辊，端部在辊下方。带尾给 3 号助卷辊一个向外弹出的力，同时 3 号助卷辊也给带尾一个反作用力，这个反作用力的分力方向一个指向芯轴，另一个斜向下，斜向下的分力使钢卷反转。

同理，钢卷第二次自动定尾和人工调整定尾时，带尾与卸卷小车的托辊接触，托辊给带尾反作用力的一个分力斜向上，促使钢卷反转。再有卸卷小车接触钢卷的托辊是自由辊，只有操作工点击主控台面的"卸卷确认"钮后，卸卷小车抱闸才能执行锁紧来固定带

图 9-7　钢卷内圈随着芯轴反转　　　　　　　　图 9-8　拍下卸卷急停

尾位置，并且操作工一旦手动干预定尾调整，还要增加一个在一级操作画面上点击"卸卷确认"的步骤，卸卷小车抱闸才执行锁紧，所以操作工还来不及两次从不同位置点击"卸卷确认"的时候，钢卷已经反转，造成操作工多次调整定尾而延长卸卷时间。

　　芯轴收缩后，钢卷内圈与芯轴的间隙总量一般为 20~30mm 左右。钢卷落在卸卷小车上，它的重量分解到卸卷小车的两个托辊上。由于屈服强度很大的带尾施加给托辊一个向外的弹力，所以带尾处托辊给钢卷一个斜向上方的反作用力。当钢卷重量的分力不大于带尾处托辊给钢卷的反作用力时，钢卷就会斜向左上方与芯轴接触产生压力，当卸卷小车前进芯轴执行反转程序时，芯轴与钢卷内圈产生摩擦力，带动钢卷内圈反转，造成松卷甚至散卷。

　　在钢卷重量一定的情况下，带钢屈服强度越高、规格尺寸越大、带尾温度越低，带尾施加给卸卷小车托辊的弹力越大，通过托辊反作用力，钢卷内圈与芯轴的压力就越大，从而钢卷抽出中内圈与芯轴的摩擦力也越大。当这个摩擦力大于或等于钢卷中某两圈之间的摩擦力时，钢卷就从此处拉出塔形。一般情况下，钢卷内、外圈基本是单面摩擦，而且也是卷取中比较松的，所以内、外圈是最薄弱处也是最先出塔的地方。

　　当钢卷内圈与芯轴间的摩擦力小于钢卷各圈间的摩擦力时，钢卷内圈就沿着芯轴滑出，钢卷就被卸出了，从卷库可以看到，带尾上方的钢卷内圈处都有一条或一片明显的划伤，如图 9-9 所示。

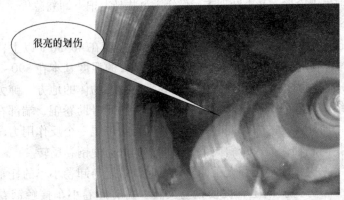

图 9-9　钢卷内圈被芯轴划伤

　　卸卷过程中钢卷抽出塔形或松卷,一般情况下与卸卷小车高度不合适有关,事故卷与前一个正常卷的卸卷控制曲线截图如图 9-10、图 9-11 所示,基本参数见表 9-2。

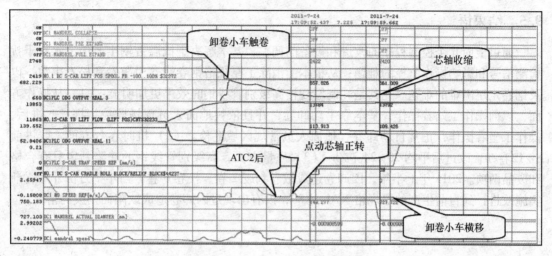

图 9-10　正常卸卷(前一卷小车控制曲线)

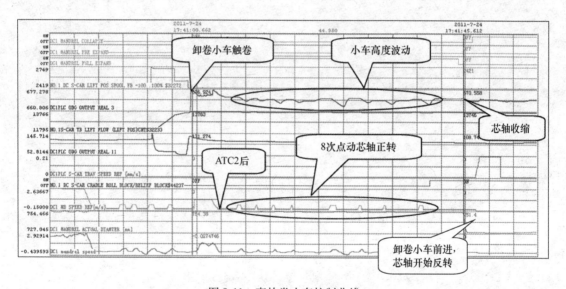

图 9-11　事故卷小车控制曲线

表 9-2　基本参数

卸卷小车高度	触卷时	ATC2 后	点动 MD 正转后	芯轴收缩后	小车横移时
前一块	680mm	662mm	657mm	661mm	由 661 到 664mm
事故块	676mm	671mm	668~670mm 之间波动	由 670 降到 668mm	668~669mm 之间波动

　　从表 9-2 和图 9-10、图 9-11 可以看出,事故卷的卸卷小车高度在执行横移前后变化不大,完全满足正常卸卷的需求,所以它的松卷和出塔与卸卷小车高度变化无关。

　　通过上述的分析,制定了以下解决措施:(1)当卷取机停转时,其卸卷小车托辊抱闸，在任何模式下都可以通过主控室台面按钮操作锁紧或打开。（2）取消厚度 12mm 以上的钢卷卸卷时芯轴自动反转的控制。

9.5　结束语

通过上面几个控制程序的改进和设备的调整，基本解决了低温带钢生产中，水汽干扰检测信号和影响操作监控的难题；从根本上消除了厚规格钢卷卸卷中散卷和松卷事故，以及钢卷定尾困难的难题。尤其是轧制厚规格高级别管线钢时效果更加明显：（1）从操作方面，以前操作工站着操作，基本靠手动卸卷，并且依赖地面人员现场监控指挥；改进后，操作工坐着操作，正常自动卸卷，地面人员常规区域巡检。（2）机时卷数方面，改进前 8~12 卷/h，改进后平均 20~24 卷/h。（3）质量方面，高级别管线钢的缺陷判定只有合格和废品两项。2011 年上半年，因卸卷造成散卷判废 2 卷、松卷 6 卷。当年 7 月份开始逐渐实施改进，到目前生产的厚规格 X70、X80，没有出现过因卸卷造成缺陷而判废的情况。

10 控制薄规格热轧带钢甩尾的操作方法

根据市场的需求，对薄规格热轧带钢产量的要求逐渐增加，但是轧制薄规格时，甩尾时有发生。甩尾是轧制薄规格时常见的问题，甩尾的产生会带来一系列负面问题：如甩尾后要进行停机检查、打磨，影响产量，对甩尾后造成的烂尾等情况还需要进行开卷切除，甩尾伤辊，轧出产品有辊印，增加换辊次数，增加磨床负担，增加成本等。为此，甩尾问题是轧制薄规格的突出问题。热轧作业部投产以来，在轧制薄规格时一直存在甩尾等问题，下面主要从生产操作上来阐述如何控制薄规格的甩尾。

10.1 甩尾产生的原因

为了减少甩尾的产生，首先找出甩尾产生的原因。甩尾是由于板带长度方向延伸相差过大而造成板带尾部进入下一架轧机时，受到侧导板的限制而产生的一种叠轧现象。从甩尾现象看是由于板带在轧制过程中延伸不均匀且相差过大，尾部受侧导板限制而叠轧造成的。

10.1.1 轧制图理论分析

从图 10-1 中可以明显看出带钢尾部严重偏向 OS 侧，当带钢中心线的偏离值大于入口侧导板的宽度值减去带钢宽度值的一半时，甩尾现象就会产生，偏离值越大，甩尾越严重。即

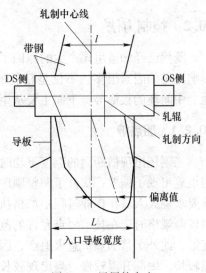

图 10-1 甩尾的产生

偏离值=带钢中心线与轧制中心线之间的距离

带钢与侧导板的间隙值=$(L-l)/2$

式中，L 为入口导板宽度；l 为带钢宽度。

当偏离值等于向一侧偏离的间隙值时甩尾就处于临界状态；当偏离值大于向一侧偏离的间隙值时就会发生甩尾，偏离值越大甩尾越严重。

10.1.2 带钢在轧制过程中的状态分析

在图 10-2 （a）中轧辊的承载辊缝是均匀的，来料的断面有一定的楔形，这样在轧制过程中板坯的延伸是不均匀的，带钢首先表现为跑偏，当带尾到达时，会严重偏向 OS 侧，当超过偏离值时，就会发生甩尾。同样在图 10-2 （b）图中，轧辊的承载辊缝是不均匀的，而板坯的断面形状是均匀的，这样在轧制过程中同样会造成板坯的延伸不均匀，带钢首先表现为跑偏，会严重偏向 OS 侧，带尾跑偏值超过偏离值时会发生甩尾。还有一种情况，来料存在一定的楔形，同时精轧的承载辊缝也是不均匀的，这样可能会有两种结果，一是

精轧轧制过程中板坯的延伸均匀，二是精轧轧制过程中板坯延伸相差过大，出现严重跑偏，甚至废钢。

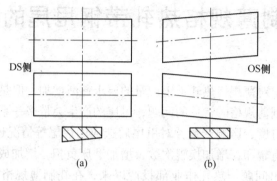

DS侧　　　　　　　　　　　　　　　　　OS侧

(a)　　　　　　　　　　　　(b)

图 10-2　甩尾产生的原因

10.2　控制方法

既然已经知道甩尾产生的原因了，那如何来控制甩尾呢？甩尾的发生地在精轧，但是影响甩尾的因素很多，不仅是精轧的调节，还包括加热温度的高低、中间坯温度的均匀性、中间坯的板形等。下面主要从生产操作方法上来阐述如何控制薄规格的甩尾。

10.2.1　加热炉

当钢坯出现横断面的温度不均时，在轧制过程中温度较低的一侧变形抗力较高，使两侧辊缝出现了偏差，扰乱了调整顺序，容易造成甩尾，在轧制薄规格时表现尤为明显。这就要求烧火人员在作业过程中严格执行操作要点，保证钢坯的在炉时间，温度均匀。在轧制较薄规格时应在技术要点允许的范围内尽量提高钢坯尾部温度，减少带钢尾部的不均匀变形，此外严禁加热炉急火追产，因为急火追产或板坯在炉时间较短，容易使板坯两侧升温较快，中部升温较慢。当出现较长时间的停机时，加热炉就要按照工艺要求进行降温制度，步进梁倒退，避免存在炉头钢。在联系出钢前，将炉头钢进行工艺回炉操作。

10.2.2　粗轧

中间坯的板形和横断面形状是保证精轧轧制稳定的必要条件。粗轧操作人员在轧制过程中应尽量保证中间坯的板形平直，避免镰刀弯的出现，以减少精轧的纠偏调节，保证轧制的稳定性。粗轧操作人员在轧制中的调平调节应尽量在前面道次完成，在末道次时应尽量保证辊缝的平直，以减少中间坯 OS 侧和 DS 侧的厚度偏差，避免较大楔形出现。在轧制薄规格时，精轧机中的带钢对楔形相当的敏感，容易出现因为楔形引起的甩尾和跑偏，所以精轧人员会要求在轧制稳定阶段通知粗轧人员要保持中间坯板形。此外，粗轧操作人员还应尽量避免在轧制中出现的头尾翘头现象，因为轧制中工艺水平的影响，翘头会使中间坯的头尾温降变大，增加带钢尾部在轧制中的不稳定性。

10.2.3　精轧

精轧是甩尾的发生地，大部分的甩尾是精轧调节不当引起的。下面从不同的方面来说明精轧该如何减小甩尾发生的概率。

10.2.3.1　调平

调平是精轧操作工干预辊缝形状最直接最有效的方法，调平值的好坏直接影响带钢的板形，不合理的调平值可能会引起废钢。那么如何给定精轧机组各个机架的调平值呢？首先要跟踪各个机架标定时的两侧液压缸的行程差，根据行程差预调；当带钢到达尾部时，可以通过精轧机组各机架间的俯视图来判断带钢尾部的偏向，根据跑偏的趋势，通过调平进行调整；同时，可以观看精轧操作台上的多功能仪表，根据出口带钢的楔形来判断带钢的跑偏趋势，通过调平及时纠正。若带钢本体的楔形和尾部的楔形相差过大，带钢发生甩尾的可能性很大；若带钢本体楔形和尾部的楔形相差不大，带钢基本上不会发生甩尾。所以轧制薄规格带钢时尽量保证带钢楔形的稳定，这样能很好地防止甩尾。针对尾部的调节最好是固定调平值，尤其是 F1~F4 机架。飞剪执行完切尾动作后，及时把 F1~F4 的调平值固定到某一个固定值，当 F1 抛钢后我们就要看准时机，调节 F2、F3 两个机架的水平值，F2 抛钢时观察摄像头出 F2 带钢尾部是否出现过调，及时通过 F3、F4 两个机架来进行纠正。这种调节方法的主要难点在于要记得尾部抛钢值、F2 抛钢瞬间的判断以及带钢运行到什么位置开始调节轧机的水平值。只要带钢出 F4 时尾部平直，就可以推断这块钢一定不会甩尾。若出 F4 带钢尾部偏的严重，采取的措施就是及时将 F5~F7 四个机架的水平值按钮按住不动，尽量减少大的甩尾出现。

10.2.3.2　侧导板的控制

精轧机组侧导板的主要作用是对中带钢，防止带钢跑偏。若侧导板的补偿值较大，不能起到对中带钢的作用，反而放任带钢跑偏，容易发生甩尾；若补偿值较小，带钢剐蹭侧导板，带钢也容易发生甩尾。到底多少补偿值才是最合适的？建议由大到小尝试，当发现有剐蹭侧导板并伴随火花产生时停止，这时的侧导板的补偿值是最小值，在此基础上再增加 3~5mm 左右的补偿值即为最佳侧导板补偿值。不可否认设备存在一定的间隙偏差，所以需要尝试，在主轧材之前应将前机架侧导板开口度和调平值一样基本固定下来，保证带钢在轧制线中央，这是基本轧制条件。甩尾是由于板带长度方向延伸相差过大而造成板带尾部进入下一架轧机时受到侧导板的限制而产生的一种叠轧现象。一般甩尾发生在下游机架较多，所以当带钢尾部到达时，适当放大侧导板的偏移量，此补偿值最大不要超过 90mm。表 10-1 为轧制薄规格时侧导板的偏移量。

表 10-1　轧制薄规格时侧导板的偏移量

机架	F2	F3	F4	F5	F6	F7
头部/mm	30	30	40	50	50	50
本体/mm	10	10	10	20	25	30
尾部/mm	30	30	30	40	40	50

10.2.3.3　下游机架弯辊力的控制

轧制过程中特别是到达尾部时要适当地减小下游机架的弯辊力，尤其是 F4~F6 机架最好能看见轻微的双边浪。如图 10-3 所示，减小下游机架的弯辊力带钢处于一个"自稳"

环境，自稳状态下，带钢在轧制过程中，轧辊会对带钢
产生一对相对的侧向力 F。带钢在轧辊相对侧向力的作
用下，轧制过程中带钢跑偏几率会大大减小，轧制不稳
定现象（如甩尾、边浪等）也相对减少。

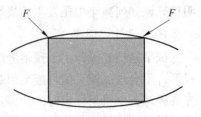

图 10-3　弯辊力控制

10.2.3.4　张力的调节控制

轧制薄规格带钢时，各机架间的张力可以适当的增
加，增大张力可以有效地减少带钢跑偏的可能性。张力
的增加可能会造成精轧出口宽度有拉窄的现象，这时要注意观察活套的状态，发现哪个活
套抬起较慢时要及时调节。某厂 F4~F6 出口活套均有压头，可以通过压头测量的两侧的
压力差来判断带钢的跑偏趋势，及时调节各个机架的调平值来纠正带钢的跑偏，进而控制
带钢的甩尾。图 10-4 为带钢的张力控制图。

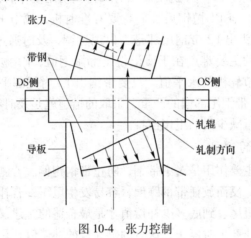

图 10-4　张力控制

通过以上的操作方法进行控制，轧制薄规格甩尾的概率大大减小，从而保证生产的稳
定性，提高了产量和质量，同时节省了因甩尾造成的成本增加。

11 耐候钢铜脆缺陷的辨别及判定

11.1 引言

腐蚀是金属材料功能失效的重要类型之一，在钢中加入少量的铜元素能显著提高钢的耐腐蚀性能。铜之所以能使钢铁材料具有良好的耐蚀性能，是因为钢材在腐蚀过程中，铜起到活化阴极的作用，促使阳极钝化而减缓腐蚀。另外，铜可在钢的腐蚀层与铜的富集层质检形成紧密的薄氧化铜中间层，形成双层结构的锈层，紧贴钢基体的内层，非常致密完整，附着性强，可减缓腐蚀介质腐蚀钢板内部。但是含铜钢种极易在钢体表面产生铜脆缺陷，类似过烧样龟裂状裂纹缺陷或密集分布的麻点状表面缺陷，轻则致使表面降级，重则致使判废。其主要原因：当钢坯加热温度高于铜的熔点（1083℃），析出的富铜相处于熔融状态，达到一定程度时，在变形过程中就会导致表面开裂，形成铜脆缺陷。含铜钢的生产困难较大，所以在工业生产过程中，必须采取相应的技术措施解决含铜钢种的铜脆缺陷问题。

在生产含铜钢时易出现铜脆现象，进而导致钢卷侧面裂纹状与表面麻点状缺陷，下面利用在线表检仪，分析缺陷的形貌、产生原因并制定预防措施。

11.2 铜脆形成的原因

由于钢铁材料加工工艺的需要，钢坯料必须加热到1100℃以上（铜的熔点1083℃），才能满足钢的塑性加工需要。而钢坯表层处于熔融状态的铜达到一定程度时就会导致表面开裂，形成铜脆缺陷。铜的强度和熔点都比钢低很多，当钢在加热时，铜的熔点是1083℃，而实际板坯加热及开轧温度均高于1100℃，这时钢中的铜处于熔融状态，开始熔化，达到一定程度时，在轧制变形过程中就会导致表面鳞状开裂，造成铜脆缺陷。因此，钢坯表层的铜在1100℃左右开始熔化是造成铜脆缺陷的根本原因。

11.3 铜脆的形貌特征及辨别技巧

要想准确无误地判别铜脆缺陷，不仅需了解其形成原因，对于质检人员来说，更重要的是熟知其形貌特征。结合个人多年工作经验，现将铜脆缺陷的形貌特征以及与其他相似缺陷的区别总结如下。

11.3.1 铜脆的形貌特征及判定规则

铜脆缺陷一般分布在带钢上表面两侧，严重时中部也存在。缺陷形态呈现为分散的微小翘皮、浅坑，在沿轧向延伸的带内无规律分布。如图11-1、图11-2所示。

由于缺陷的判断对现场工艺的调整极其关键，铜脆缺陷在现场检验中容易与气泡缺陷混淆，一旦判断错误可能导致缺陷的恶化。要想准确判定两种缺陷，需要了解各自的产生

图 11-1　1580 典型铜脆表检及实物照片

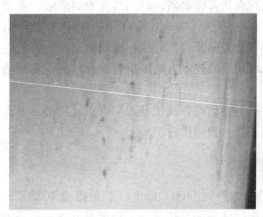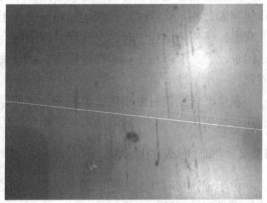

图 11-2　2250 典型铜脆表检及实物照片

原因和预防措施，所以两条产线轧制 SPA-H 时，一旦发现图 11-1 和图 11-2 中对应缺陷，立即安排进线查看，准确判断缺陷类型。针对目前铜脆情况，不仅要确认其是否为铜脆缺陷，更要准确的判断其严重程度，判重了，可能给公司带来不必要的损失；判轻了，可能给客户造成利益损害，而且影响公司的声誉。因此，准确判定，尺寸把握是至关重要的一点，结合多年的工作经验，制订出一套判定技巧如下：

通常根据缺陷的严重程度，把缺陷分为严重、中等、轻度三种情况，按照缺陷的程度及多少，可把产品分为合格品、协议品及废品。

(1) 轻度铜脆。一般出现在带钢单侧，星、点状小翘皮，无手感、翘起不明显，缺陷较稀疏。判定规则为：合格品，缺陷带长度不超过 1/4 带钢长度；协议品/降级，缺陷带长度大于 1/4 带钢长度；废品，不允许。

(2) 中度铜脆。缺陷多表现小翘皮/黑线状，面积比"轻度"大，有手感、前/中/后段某区域满板面存在，或带钢单侧存在。判定规则为：合格品，缺陷带长不超过 5m；协议品/降级，缺陷带长大于 5m；废品，不允许。

(3) 重度铜脆。通宽或两侧连续/间断存在，表现为较密集的小翘皮缺陷，明显手感、目视有深度，并伴随细线状细裂纹。判定规则为：合格品，热轧可切除的；缺陷带长不超过 1m；协议品/降级，缺陷带长大于 1m，且热轧切除不了；废品，不允许。

典型对应图片如图 11-3 所示。

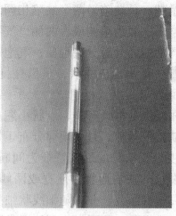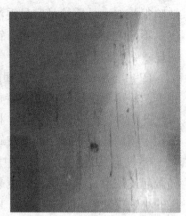

轻度　　　　　　　　　　中度　　　　　　　　　　重度

图 11-3　铜脆的分类

11.3.2　与其他类似缺陷的区别

与其他类似缺陷的区别如图 11-4 所示。

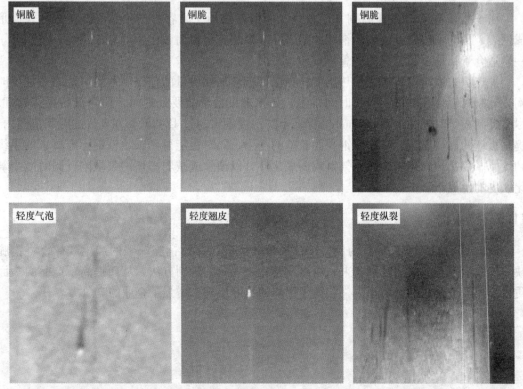

与轻度气泡的区别　　　　　与轻度翘皮的区别　　　　　与轻度纵裂的区别

图 11-4　铜脆与其他类似缺陷的区别

（1）与气泡的区别。质检员都知道，带钢轻度气泡呈无规律分布、圆形/条状凸包拖尾、线状/细楔形状粗头开裂、外缘比较光滑、气泡轧破后呈现不规则的细裂纹，某些气泡不凸起，经平整后，表面光亮。单从形貌特征来看，轻度密集状气泡缺陷与中度的铜脆缺陷很相似，是质检员容易混淆的一种缺陷。两个缺陷相同之处：都是线状，有飞翅状翘皮。不同之处：看规律分布，铜脆一般为单侧或者两侧，气泡无规律断续分布，边界比较明显；铜脆断面处没有分层，气泡断面处有分层现象；气泡一般柳叶状，铜脆为直线状。

（2）与翘皮区别。微度翘皮一般呈点、线状，呈黑/白色，翘皮形貌不明显，与基体相连，轻度铜脆缺陷的形貌特征为星、点状小翘皮，无手感、翘起不明显，缺陷较稀疏。对比此两种缺陷的形貌特征，相同点是都具有星、点状小翘皮，不同点为铜脆一般集中分布在带钢两侧或中部，而翘皮缺陷较稀疏，且无规律分布于带钢任何位置。

（3）与纵裂纹的区别。中度裂纹缺陷的形貌特征为间断/连续、黑色线条状，局部有轻微起皮现象，微手感。重度裂纹的缺陷形貌为通宽或两侧连续/间断存在，表现为较密集的小翘皮缺陷，明显手感、目视有深度，并伴随细线状细裂纹。此两种缺陷的相同点为都呈黑色线条状，且伴有轻微起皮现象，不同点为裂纹通常距边部距离较近，而且为一条细线，且通常出自较厚钢种。

总之，铜脆缺陷主要出自含铜量较高的钢种，且一般呈批量集中出现，与其他缺陷还是较易区分的。

11.4　铜脆的预防措施

由于集装箱板 SPA-H 的铜含量较高，而铜在热加工时容易产生热脆，在铸坯表面形成网裂，从而形成带钢的表面铜脆缺陷，针对京唐公司目前耐候钢的轧制情况，特制订了一套适合于目前铜脆情况的应急预案：

加热炉采取高温、快烧加热制度，在保证钢坯加热质量的前提下，尽可能缩短加热时间，轧制时钢坯在炉内不得长时间待温，如出现设备事故要处理时，要降低炉温待处理，尽量控制在炉时间为 180~240min。保证出炉温度不得超过 1240℃，在允许的时间范围内，提高板坯的加热质量，防止带钢表面缺陷的产生，同时也能得到满足该钢标准要求的组织和性能。控制炉内气氛为还原气氛或弱氧化性，以消除或减弱铸坯网裂缺陷，同时减少氧化铁皮的生成。

11.5　结束语

以 1580、2250 热轧分厂为例，结合平日的经验，探讨铜脆缺陷的产生规律，将铜脆缺陷与气泡等类似缺陷区别开来，给出一套行之有效的辨别方法，从而提高了产品的表面质量，减少了公司的经济损失，获得了用户的良好口碑，增强了企业的竞争力。

12 平整马口铁操作法

12.1 平整分卷机组的主要用途

平整分卷机组的主要用途为：调整卷重，即将原料卷分切为小卷，以满足用户的需要或运输的需要；通过平整改善带钢的平直度及力学特性；修复热轧封锁钢卷；钢卷表面全长检查。

热轧带钢的表面缺陷有很多种，而平整挫伤问题一直制约着以马口铁热轧基板为代表的薄规格低强度热轧产品的稳定生产。

12.2 挫伤及其产生原因

挫伤，即是钢板表面有低于轧制面的纵横向划沟，单个或断续地分布在钢板表面上，高温刮伤沟底有薄层氧化铁皮，冷态刮伤可见金属光泽，沟底呈灰白色。产生的原因是钢板在轧制或输送过程中，机械设备上尖角或突出部分划伤其板面所致。平整是提高板形质量的重要手段，而几乎对于所有热轧后需上平整机的钢卷都有可能在开卷过程中产生挫伤缺陷。

实拍典型挫伤照片如图 12-1 所示。

图 12-1 挫伤典型图片

热轧 2250 及 1580 生产线自 2012 年 3 月份起开始生产马口铁，涉及钢种牌号为 MR-T2.5、MR-T3、MR-T4。目前热轧厚度范围为 1.8~3.5mm，宽度范围为 830~1015mm。

马口铁对卷形、板形及表面要求较高，目前根据客户使用要求，厚度不超过 3mm 的马口铁均需增加平整工序。而在平整生产中，对尾部挫伤稍有深度的只能切除，最多切损达到 200m，切损重量高达卷重的 25%，很大程度上影响了成材率。

挫伤主要集中在距离头部几十至几百米内，松卷一般出现在带钢建张时，程度不同产生挫伤距离也不同，并且分布在带钢宽度方向的中间位置，有时较轻，只有轻微手感，有时比较严重，挫伤部分深度达到零点几毫米。

通过分析、研究挫伤产生的规律及原因，结合现场实际情况和设备设计能力及运转状态，通过挫伤部位的颜色可以判断：挫伤是在开卷及平整过程中产生，而并非原料卷本身带来。

为验证此结论，进行下述试验：采用在侧面划线的方法，在钢卷上开卷机前在侧面划一条直线，如果此卷产生松卷，则划出的线就会有明显的波动，并通过波动能显示出松卷发生的时刻。

共摸索 6 卷，内圈松卷情况基本类似，都有 3 圈左右松卷。形态如图 12-2 所示。

图 12-2　平整前划线

开卷及平整过程中均产生了不同程度的松卷情况，具体形态如图 12-3、图 12-4 所示。

图 12-3　平整机刚刚开始穿带线就已经弯曲　　　图 12-4　平整机运行过程中线逐渐弯曲

通过此次试验得出结论：控制挫伤主要从建张力前及细节操作入手，最终成功编制成一套完整的平整马口铁操作方法，将原来几百米的挫伤控制在 100m 内，大幅度提高了成材率及合格卷数，并对四个班进行培训和推广。

12.3　平整马口铁操作法

平整马口铁的具体操作方法如下：

（1）上卷前注意事项。

1）上卷前测量钢卷温度45℃以下。

2）生产每卷马口铁前在带钢操作侧必须划标定线，需划两道并且每道宽度不能小于2cm。

3）检查CPC、EPC、板道光洁度，检查入口夹送辊、压紧辊、深弯辊、工作辊、防皱辊等有无黏肉、卡阻及油污情况。

4）上卷前入口操作工确认内圈松卷程度，如松卷严重，在上卷时通过正转卷筒等方式，防止钢卷内圈与卷筒发生卡阻拉出塔形。

（2）穿带、建张过程。

1）穿带时保证一次完成，尽量不反复做压头及穿插钳口等操作。

2）建张前（包括静张力），出口操作工必须提前通知入口操作工已具备启车条件，但出口操作工此时不能启车，入口操作工得知具备启车条件后将深弯辊框架调到750mm左右位置，并压下深弯辊直至压到钢卷表面后（保持一直压下状态），通知出口操作工入口已具备启车条件。

（3）启车、平整过程。

1）参数：开卷张力45kN，卷取张力150kN，轧制力1500kN。

2）出口操作工启车前先投入静张力（20kN左右），投入静张后启车。

3）启车后带钢运行前30m内保持启车速度（18m/min）；30m后视实际情况可均匀提速至50m/min，并保证速度恒定不允许频繁变速，且最高速度为50m/min；50m后视实际情况可均匀提速至80m/min，并保证速度恒定不允许频繁变速，且最高速度为80m/min。

4）100m后视实际情况可均匀提速，没有最高速度限制。

5）整个提速过程均需出口操作工联系入口操作工确认是否具备提速条件（根据来料卷的松卷程度、卷型及运行状态确定），不允许出口操作工在入口未知的情况下操作，提速及降速过程必须均匀、缓慢。

6）平整过程中尽量保证一次通过、成型，避免屡次停车，直至带钢自动降速、甩尾。

7）除特殊情况外整个平整过程入口操作工不允许抬起或停止深弯辊压下过程，保证深弯辊始终对钢卷表面压下，直至出现缺陷或自动甩尾。如出现挫伤等缺陷导致整卷或开卷机尾部小卷不合、判废或协议，可将深弯辊抬起或压到合适位置，以保护深弯辊。

8）如有特殊情况需停车确认并后退或前进时，需解除张力后抬起深弯辊，并利用卷取机卷筒与开卷机卷筒旋钮同步操作，不允许直接使用穿带旋钮操作，再次启车时重复上述所有过程。

平整马口铁操作法小结：

建张前压下深弯辊，解张后抬起深弯辊；速度均匀，缓提、慢降，联系要通畅；避免多次停车及重复压头、插钳口操作。

其效果如图12-5所示。

改进前，马口铁的平均成材率为92%左右，经过上述措施改进后，成材率有了很大提高，平均达到96.26%。见表12-1。

图 12-5　使用此操作法后钢卷运行具体形态

表 12-1　马口铁的平均成材率

序号	板坯实际质量/kg	钢卷外部钢种	钢卷厚度/mm	钢卷宽度/mm	钢卷质量/kg	成材率/%
1	15450	MR-T4	2.85	840	14930	96.634
2	15460	MR-T4	2.85	840	14330	92.691
3	15500	MR-T4	2.85	840	14610	94.258
4	15500	MR-T4	2.85	840	14950	96.452
5	15460	MR-T4	2.85	840	14240	92.109
6	15540	MR-T4	2.85	840	15080	97.040
7	15520	MR-T4	2.85	840	15000	96.649
8	15440	MR-T4	2.85	840	14950	96.826
9	15500	MR-T4	2.85	840	15000	96.774
10	15510	MR-T4	2.85	840	14990	96.647
11	15510	MR-T4	2.85	840	14980	96.583
12	15460	MR-T4	2.85	840	15030	97.219
13	15500	MR-T4	2.85	840	15030	96.968
14	15440	MR-T4	2.85	840	15030	97.345

　　可见，通过此操作方法，有效地解决了平整过程中马口铁的挫伤问题，使成材率提高到 96.26%，产品质量得到了保证，并取得了可观的经济效益。

　　直接经济效益：按照平均提高成材率 4%、马口铁月产 1000t、成品均价 4000 元/t、废品均价 2000 元/t 计算，此项攻关产生的效益为

$$1000×4\%×(4000-2000)×12=96 \text{ 万元}。$$

　　按照公司计划，2013 年马口铁的计划产量为 8000t，因此，此项攻关在 2013 年将产生的效益为 8000×4%×(4000-2000)×12=768 万元。

　　间接效益：减少补单次数，确保订单交货时间，使用户满意。

13 热轧 1580 卷取塔形的控制

13.1 引言

热轧 1580 生产线卷取区包括 F7 出口直到运输链结束的区域。主要设备有输出辊道、层流冷却设备、卷取前侧导板、夹送辊、助卷辊、卷取机、运卷小车等。卷取机工艺布置示意如图 13-1 所示。

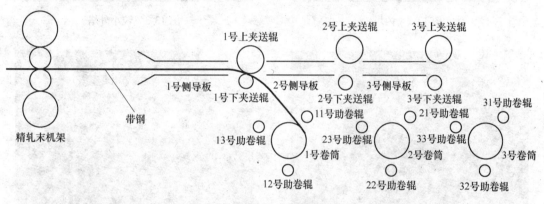

图 13-1 卷取机工艺布置示意图

卷取区有 3 台卷取机，正常情况下，卷取机交替使用，以保证整个轧线生产节奏。设计年产量为 390 万吨，规格：带钢厚度为 1.2~12.7mm，带钢宽度 700~1450mm。

目前内供冷轧基料执行标准为钢卷应牢固、整齐，一侧塔形（不包括头尾三圈）高度应不大于 50mm，带钢宽度小于 1800mm，头尾三圈塔形高度不得超过 80mm。外销产品执行标准为单侧塔形高度不大于 50mm，层错高度不大于 45mm。

卷取作为 1580mm 热轧主轧线的最后工序，卷形是该区域最重要的控制指标，大量的卷形缺陷严重影响产品外观形象，降低成材率，影响喷号和运输，增加了后续处理成本，造成较大的经济损失。为减少卷形缺陷，从设备、工艺、操作多个方面入手开展卷形攻关，从缺陷产生的机理进行分析改进。

13.2 塔形缺陷的分类

塔形是指钢卷两侧端面局部或整体向外溢出而参差不齐的现象，是热轧带钢生产过程中的一种质量缺陷，包括：

（1）内塔。其特征是在钢卷内圈 5~10 圈的范围内，带钢向一侧急剧跑偏，内圈呈现塔状。如图 13-2 所示。

（2）外塔。其特征是外圈四五圈的范围内，带钢向一侧急剧跑偏，外圈呈塔状。如图 13-3、图 13-4 所示。

（3）层错。其基本形状是钢卷中间部分的带钢向两侧交叉跑偏，整个钢卷侧面不平整。如图 13-5 所示。

图 13-2　内塔

图 13-3　较小外塔

图 13-4　较大外塔

图 13-5　层错

13.3　造成带钢塔形的原因

（1）来料原因造成塔形，偏离轧制中心线头尾镰刀弯等。来料浪形过大或者层流冷却使用不合理造成的浪形，会造成卷形不齐，严重时造成塔形及层错。精轧 F7 抛钢后，带钢因张力突变导致带钢尾部左右摆动，形成尾部塔形或者台阶。

（2）侧导板压力大小不合适，压力过小；侧导板使用的开口度、偏差值及短行程设定不合理；侧导板动作有卡阻，造成未接触带钢已经达到设定压力，侧导板未对带钢产生夹持作用。

（3）夹送辊框架精度差造成两侧实际辊缝偏差，碾压带钢跑偏；夹送辊标定误差及生产中两侧压力偏差的给定；上下夹送辊之间轴线不平行，导致辊缝不一致。总之，夹送辊辊缝不平行，压力不一致，导致带钢从较大辊缝一侧偏出。

（4）层流冷却主要是控制带钢的冷却，得到所需性能，但冷却不均会造成板带的翘曲及轻微浪形旁弯，所以保证每个开关的正常就显得很重要，确定上下层冷水嘴是否存在堵塞，电磁阀是否卡阻，水量的大小和高度是否标准，侧喷水嘴是否堵塞，角度及水量大小是否合适。

13.4　卷取塔形的控制

根据造成内外塔形及层错的成因，对卷取侧导板设备精度和控制参数进行摸索和改善。

侧导板（见图 13-6）把运行在输出辊道上的带钢有效对中，正确导入卷取机并且把带钢对准轧制中心线送入夹送辊，并在进入夹送辊时导板夹持带钢以减少钢卷的塔形。动作时序为：

（1）当带钢头部到达 DC1 前高温计时，执行 1 次短行程关闭。

（2）当带钢头部到达 DC1 前 HMD+延时，执行 2 次短行程关闭。

（3）当带钢头部过 PR+延时，SG 执行压力控制。

侧导板动作最大速度为 150mm/s。

图 13-6　1 号侧导板

侧导板在一级控制方面可修改的参数如下：

带钢宽度 1235mm，偏差 35mm，一次二次短行程相加为 75mm，而后由设定的侧导板压力操作侧进行动态调节。如果设定 OFFSET 偏差值过大，短行程值也过大，侧导板关闭速度不变的情况下极易造成头部塔形。设定过小，不利于稳定生产，易使侧导板前夹持带钢头部造成堆钢事故。建设生产初期为了稳定轧制生产，侧导板二级设定开度为带钢热态宽度，较之带头经过部分冷却带宽有所减小，故而使得侧导板两次短行程都关闭后侧导板的开度为带钢热态值+OFFSET 值，然后再进行关闭直到侧导板操作侧与带钢接触达到设定的压力进行压力控制。这段时间所产生的带钢头部塔形较多，随着生产稳定性的提高，目前采取带宽冷态值即公称尺寸+OFFSET+两次短行程数值的总开口度，相应减少侧导板执行压力控制时与带钢接触的这段时间，从而相对减少头部塔形圈数即长度。

为了防止带钢头部宽超造成侧导板卡钢，卷取增加了"按钮"，可以使 OFFSET 值直接增加 20mm 的功能，如带钢头部宽超，轧机通知后按一下该按钮可增大 OFFSET 值 20mm，避免堆钢，可以说此功能也充当了保险的角色。

较厚及强度硬度较大的带钢，如果侧导板压力使用过小，不能保证带钢卷型，造成外塔；而一味地过大，则会造成带钢边部破边，严重时甚至造成堆钢等事故。通过摸索实践，1580 在常规格冷轧基料 1.8~2.3mm 使用 5~7kN，2.3~3.0mm 使用 8kN 左右，3.0~

3.5mm 使用 8~9kN，3.5~4.5mm 使用 9~10kN，4.5~5.5mm 使用 9~11kN，特殊钢种特殊对待。在此前提下，侧导板磨损程度小于 5mm 以内，如果不及时更换侧导板，磨损过大且使用压力过大，极易造成带钢边部钻入侧导板磨损的缝隙中，造成松卷，边部较大隆起。实物照片如图 13-7、图 13-8 所示。

图 13-7　松卷钢卷的两侧

图 13-8　侧导板备件

目前 1580 带钢另一类较多的外形缺陷为外圈台阶，带钢厚度钢种不一，产生外形缺陷程度也不一样。通过改善侧导板压力、尾部短行程值已经不能完全杜绝此类缺陷问题。如图 13-9、图 13-10 所示。

图 13-9　钢卷传动侧台阶　　　　　　　　图 13-10　钢卷操作侧台阶

夹送辊设置在地下卷取机入口侧，将钢板头部引入地下卷取机的同时，对卷板尾端出精轧机后卷板施加张力。上下夹送辊之间的辊缝设置，是根据带钢的厚度，由液压控制油缸调整，液压缸设置在夹送辊机架和摆臂上，行程由组合位置传感器控制上夹送辊通过两台液压缸进行上升和下降运动，根据不同的带钢厚度，上下夹送辊之间的夹持力是可调的，对不同厚度钢板的辊缝由液压缸设定。

带尾在精轧机 F7 抛钢后，张力发生变化，张力由芯轴和夹送辊提供，这时夹送辊的水平度直接影响抛钢这段卷取形态，在 3.5mm 及以下规格很容易出现台阶较大外塔等缺陷，理论上夹送辊两侧设定压力相同，辊缝保持两侧水平不会造成外形缺陷。但实际中经常发现两侧压力相等但 HMI 反馈辊缝有较大偏差，有时操作侧辊缝偏大或者偏小，都会出现在操作层的台阶及外塔。通过紧固夹送辊框架螺栓，更换销轴铜套、更换液压缸及夹送辊等措施使设备功能精度满足要求，效果有所改善。

由于 1580 自动化控制的初期局限性，只能给予两侧平均压力，故而无法采取单独改变两侧压力的方法解决。目前通过摸索实践，适当减小设定的总压力，从而减小夹送辊对带钢的压力，使带钢水平方向受力减小，从而进一步改善卷形。根据薄规格 3.0mm 及以下厚度，一级人工修正为 40~50kN。总体来说，修改参数只是一种手段，要完全解决类似问题，还要在设备安装精度方面加大力度，继续摸索实践。后期通过修改此程序，在操作侧可通过适当加大或减小夹送辊压力，来弥补两侧位置的偏差，尤其在较薄规格中有一定效果。

来料方面缺陷，头尾镰刀弯以及浪形对钢卷外形有很大影响，带钢头尾镰刀弯普遍造成头部 5 圈左右的内塔，尾部一两圈的外塔。如在薄规格 FM 抛钢后尾部浪形较大，会给卷取机平稳卷取造成困难，对卷形影响也比较大，很难在卷取过程中通过措施加以改善，还需精轧在板形控制方面提高。偏离轧制中心线一侧严重造成卷取侧导板压力控制可能失效在粗精轧换辊初期较为明显。

对于输出辊道，在操作层面上能修改的只有减速距离。之前提过关于根据带钢厚度自动调整减速距离的合理化建议，也取得了良好的效果。但有时对于较薄规格的钢，如果减速距离较小的话，不但容易造成飞车，还易造成台阶形外塔，原因是带钢在减速点状态不稳定，偏移严重，因此，生产薄规格带钢时可在设定画面人工修正增加减速距离，通过观察可知增加减速距离后带尾在辊道上运行更加平稳，卷取后钢卷卷形得到了有效控制。

13.5　结束语

下面是卷形攻关措施实施后取得的一些成绩。1580 生产线卷形缺陷比例趋势如图13-11 所示。

按卷形缺陷比例 2016 年 1~7 月卷形缺陷总计 7904 卷，按平均每卷切除 0.2t 计算，为 1580.8t，按废钢 1500 元/t 合计为 237.12 万元。打包费用为 40 元/卷，1 米打包带为1.2 元。按卷数合计为 37.3068 万元。总合计为 37.3068+237.12＝274.4268 万元。平均每月损失为 39.2308 万元。统计 2016 年 8 月至 11 月卷形缺陷总计 1919 卷，同理计算可得每月损失 16.65692 万元。实施卷形攻关后，2016 年 12 月开始至今，每月节约 22.5739 万元×12 个月＝270.8868 万元，较去年有了很大提高。

卷取作为 1580mm 热轧主轧线的最后工序，卷形是该区域最重要的控制指标，卷形的

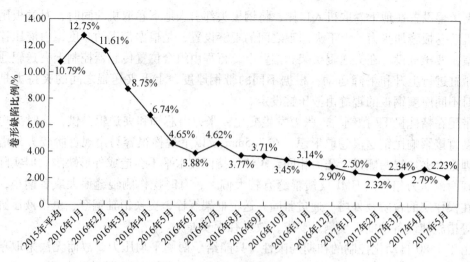

图 13-11　1580 生产线卷形缺陷比例趋势图

不良不仅仅影响到运输及后续的生产，对于用户来说，对热轧卷质量的判断，第一印象即来自于钢卷外形。对于热轧厂自身，卷形不好就要后续卷库切除或者上平整线修复，增加了生产成本和平整线的生产压力，同时也影响了产品的成材率。通过设备精度的提高及工艺的改进，通过生产实际数据的收集和实践，塔形控制取得了明显的效果，对今后热轧的塔形控制具有非常重大的指导意义，同时产品质量的提高也带来了可观的经济效益。

14 热轧 2250 平整挫伤控制方法

14.1 引言

热轧带钢平整分卷机组主要对常温下的优质碳素结构钢、耐候钢、普通碳素结构钢、汽车结构用钢、锅炉及压力容器用钢、造船板、管线钢、焊接气瓶用钢板及低合金钢进行平整作业，以提高板材的表面质量、改善板形及力学性能；也对常温下的碳钢进行修理、取样、分卷等重卷作业，以改善卷形、切除热轧生产中钢卷质量不符的部分以满足合同要求，同时也满足不同用户对钢卷重量的不同需求，年处理钢卷的能力设计为 100 万吨。

热轧平整线自投入以来，薄规格耐候钢、冷轧料、马口铁、酸洗板等品种的挫伤问题成为了制约平整生产的一大关键因素，而薄规格耐候钢、冷轧料是平整主要的品种结构，总产量占平整产量的 70% 以上。从形貌上看缺陷集中在板面中部，上下表面都有，中间严重，向两边逐渐减轻，且随钢卷卷径的变化，缺陷周期也发生变化，缺陷形态如图 14-1 所示，挫伤程度从十几米到几百米不等，严重影响平整区域的成材率。

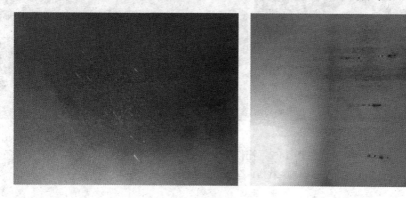

图 14-1 挫伤

14.2 挫伤缺陷产生原因分析

对于钢卷来说挫伤就是指在开卷张力与卷取张力以及机组运行的共同作用下，在钢卷层与层之间存在间隙的地方发生相对移动而产生的损伤，为了形象说明此种缺陷，把它称为挫伤缺陷。该种缺陷存在于带钢尾部的上下表面，多集中于带钢中部。

平整机组在生产前，首先将钢卷引入开卷机，然后进行穿带作业，完成带钢由开卷引向卷取机，重卷作业时开卷机与卷取机之间根据带钢规格大小设定相应的张力以满足作业要求。在生产时，开卷张力的设定值基本保持不变，由于钢卷内圈松卷，层与层之间存在间隙，该部分带钢在张力的水平作用下会发生移动，在移动过程中由于带钢板面存在凹凸不平而产生挫伤缺陷。

　　马口铁、冷轧料、薄规格耐候钢、酸洗板等卷取温度约600℃，经冷却至常温下平整，温度约为35℃。原料卷取张力控制、热膨胀、带钢本身板形（单边浪、双边浪形、复合浪形）以及冷却后的收缩，均会引起带钢层间有一定的松卷。而钢卷的内圈（热轧头部）松卷现象是产生挫伤缺陷的根本原因。由于带钢厚度较小或钢质较"软"，层与层之间的松卷程度相对较大，当投入平整开卷张力的瞬间，层与层之间就会产生相对挫动，由于互相接触的两个表面粗糙不平，就会产生挫伤，并且随着速度增加，挫伤缺陷的程度逐渐加重。

14.3　挫伤形成的判定

　　根据现场积累的经验总结测量挫伤缺陷是否产生的方法。对平整机入口步进梁上的钢卷进行画标定线，根据线的变形情况观察钢卷层与层之间是否发生错动，如图14-2所示。如果在生产过程中出现图14-2（a）的情况，表明挫伤缺陷没有产生；如果出现图14-2（b）的情况，表明挫伤已经产生，并且通过画线的偏移程度可以预测钢卷的挫伤程度。

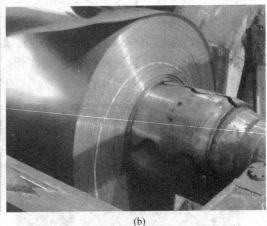

（a）　　　　　　　　　　　　　　　　（b）

图14-2　挫伤产生情况
（a）无挫伤；（b）产生挫伤

14.4　措施

　　在跟踪生产时发现，带钢侧面的标定线在起车、快速提速、中间停车等操作时最容易偏移，出现挫伤，在带钢匀速运行时基本不会发生偏移。并且发现在整个生产过程中下压深弯辊至钢卷表面会对开卷张力有一定缓解，同时通过观察研究发现挫伤产生时开卷机卷筒都会有不同程度的反向转动，经过生产试验，在入口操作中自动上卷，钢卷已到卷筒中央，侧支撑已关闭，上、下压辊没有压下，小车没有下降，卷筒即将膨胀时正转卷筒，随着卷筒正转和卷筒越胀越紧带动钢卷内圈正转（正转卷筒阶段是指卷筒膨胀前→即将膨胀时→膨胀到一定程度→完全膨胀前），使钢卷内圈松卷转紧并胀紧，从而改善松卷情况。卷筒收缩时摩擦力较小且没有带动力，随着卷筒的膨胀会增加摩擦力而带动钢卷内圈卷紧，再配合马口铁深弯辊的使用以及启车、建张、加速等操作，挫伤得到了改善。此方法对小车及卷筒会造成一定程度的伤害，根据这种情况，并结合原料情况及生产实际，制定出在平整生产前、生产过程中等一系列措施来最大程度减少挫伤的产生。

（1）原料监控。经过对原料卷内圈松卷程度与钢卷的挫伤情况进行跟踪摸索后发现，原料卷内圈松卷的确是影响松卷挫伤的关键因素，如果内圈松圈大于3~10圈，则产生挫伤的可能性会大幅度提高。所以针对内圈松卷大于3~10圈的钢卷，则采取正转卷筒的方法将内圈转紧。内圈3~10圈对应原料的头部长度约为23m左右，即原料卷取的头部阶段张力大小尤为重要，需要进一步与轧线卷取专业结合并摸索最合适的张力控制点。

（2）上卷前采取措施。

1）生产前在带钢操作侧划标定线，由于生产时原料卷做圆弧运动，不易观察，所以在划标定线时划两道，并且每道宽度大于20mm。

2）上卷前确认内圈松卷程度，如松卷程度较大，则在上卷时需要通过正转卷筒等方式防止钢卷内圈松卷"力"往后延伸化导致的塔形。

（3）穿带、建张过程。

1）穿带时保证一次完成，尽量不反复做压头及穿插钳口等操作。

2）穿带完成后，在建张（包括静张力）前平整出口操作工提前通知入口操作工已具备启车条件，但出口操作工此时不能启车，入口操作工得知具备启车条件后将深弯辊框架调到750mm左右位置，并压下深弯辊直至压到钢卷表面后，通知出口操作工建张启车。

3）出口操作工启车前先投入静张力（20kN左右），投入静张力后启车。

（4）平整过程。

1）启车后带钢运行前30m内保持启车速度（17m/min左右）。

2）带钢运行至30m后缓慢均匀提速至50m/min。

3）带钢运行至60m后，可以缓慢均匀提速，具体视钢种及实际松卷情况而定，但提速过程必须缓慢均匀，加速到指定速度后保持恒定，不允许频繁变速。

4）除了出现缺陷，整个过程不允许因其他因素停车，尽量保持一次通过，直至带钢自动降速，如出现表面缺陷需停车观察，则要减慢均匀降速。

5）整个提速过程需要入口操作工通知出口操作工操作，不允许出口操作工在入口未知的情况下操作，提速及降速过程必须均匀、缓慢。

6）整个平整过程保证深弯辊始终对钢卷表面压下，直至出现缺陷需停车或自动甩尾。

7）如有特殊情况需停车确认并后退或前进时，利用卷取机卷筒与开卷机卷筒旋钮同步操作。

8）如出现挫伤，停车解张后抬起深弯辊，不再次投入，包括后续处理过程（包括切除及改判）；如出现其他原因停车（如头部小卷），需待张力解除后抬起深弯辊，再次启车时重复穿带、启车过程。

14.5 效果

在先前挫伤控制的方法改进前，出现挫伤的距离在几十米至几百米不等，尤其是马口铁、冷轧料、薄规格酸洗板等，出现挫伤后严重的挫伤距离达到350m，平均距离在150m左右，并且整体成材率不高。

在使用上述措施改善后，虽没有根治挫伤问题，但出现挫伤的钢卷数量大大降低，并且没有再出现过150m以上的挫伤，绝大部分挫伤距离都控制在60m以内甚至可以完全控制挫伤的产生。

2014 年 3 月~5 月的平整生产统计见表 14-1、表 14-2。

表 14-1　挫伤协议品吨位

月份	平整生产吨位/kg	挫伤协议品吨位/kg	比例/%
3 月	57310950	1506210	2.63
4 月	51192160	1238520	2.42
5 月	41603170	522820	1.26

表 14-2　挫伤切除后合格品吨位

月份	涉及挫伤卷合格品原料/kg	涉及挫伤卷合格品成品/kg	成材率/%
3 月	4484570	3692870	82.35
4 月	6877880	5686940	82.68
5 月	3691110	3107250	84.18

可见，通过系统的分析和改进，有效地控制了平整过程中的挫伤问题卷的成材率，使其成材率提高到 84.18%，产品质量得到了保证，并取得了可观的经济效益。同时将挫伤协议率由 2.63% 降至 1.26%，降幅为 1.37%。

15 热轧板卷压痕缺陷产生原因及控制措施

压痕类缺陷通常是带钢表面由于机械、硬物挤压，产生局部或连续的不规则的凹坑。为减少压痕缺陷的产生，结合大量实际生产数据，对压痕缺陷产生的原因及预防措施进行分析和总结。

15.1 压痕的定义、分类及形貌特征

压痕按照生成的过程可以分为轧制压痕和下线压痕。压痕从外表观察主要呈具有一定深度的、不规则分布的凹坑状。

轧制压痕顾名思义，是带钢在生产过程中由于轧制原因所产生的，俗称硌坑。

下线压痕是钢卷在精整、吊运、堆垛过程中与外物碰压造成的带钢表面凹坑；在开卷过程中由于地辊表面粗糙或黏结异物等造成的带钢表面凹坑以及钢卷在卷取过程中，助卷辊、托辊以及死辊等原因造成的表面压痕。此类下线压痕缺陷主要表现在钢卷的外圈，内圈由于受到外圈的原因部分可能存在，但其程度一般会逐步减轻，一般切除外圈即可合格。

15.2 压痕产生的原因

15.2.1 轧制压痕

造成轧制压痕的原因多在轧制操作方面，带钢头部、尾部温度过低或氧化铁皮黏着等。轧辊氧化膜破损严重在使用后期最易发生冷轧料氧化铁皮状压痕，带钢卷取时跟踪滞后、助卷辊或托辊使用后期等也都容易使带钢产生轧制压痕。轧制压痕最大的一个特点就是具有一定的周期性，即使很复杂的压痕形貌也是成周期状分布的，可以根据压痕的间隔距离来判断具体是由哪个部位产生的。轧制压痕如图 15-1 所示。

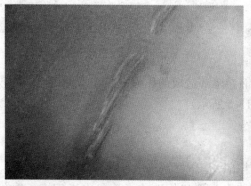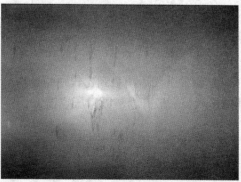

图 15-1 轧制压痕

15.2.2　下线压痕

下线压痕是钢卷在开卷检查过程中由于地辊粗糙、钢板硌伤后层与层之间摩擦形成的条状、雨点状或运输流通过程中异物碰撞在带钢尾部形成的深度不一的凹坑。下线压痕一般成雨点状，长条状，片状或其他形状分布于带钢表面。

（1）由于在线开卷或地辊开卷时带钢内层和外层的错动或带钢中间有杂质引起的雨点状或细线状，由于这种压痕没有什么规律性，所以在判断时很容易引起误判，检验这种压痕的办法是先把捆带打开，然后让钢卷的尾部两圈松开，再用天车吊着开卷。地辊不能在转动，地辊一转动这种压痕就会出现，如图 15-2 所示。

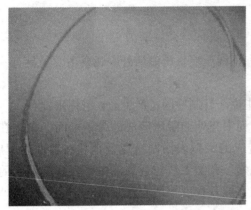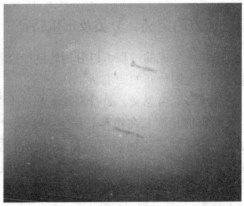

图 15-2　下线压痕

（2）由于在线地辊黏钢形成的开平带钢有周期为 1.2m 左右的条状压痕，如图 15-3、图 15-4 所示。

图 15-3　条状压痕　　　　　　　　　　　　图 15-4　开卷机工作辊

（3）钢卷下线后接触到比较硬的异物给钢卷尾部造成的压痕缺陷。这种压痕缺陷没有规律的形状，一般开卷三圈后压痕消失，如 15-5 所示。

15.2.3　卷取机夹送辊造成的压痕

由卷取机夹送辊造成的压痕缺陷称之为挂蜡，是压痕缺陷中一种特定的形貌。

产生原因：带钢轧制过程中，带钢头部撞击卷取机，造成卷取机夹送辊表面黏结异物，使辊面局部呈凸起状，压入带钢表面形成不规则的凹坑，如图 15-6 所示。

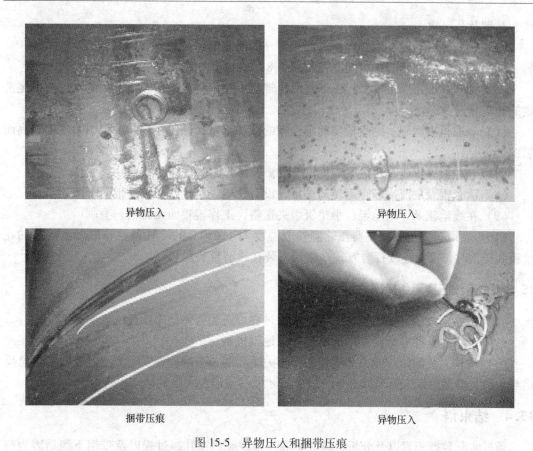

异物压入　　　　　　　　　　　　异物压入

捆带压痕　　　　　　　　　　　　异物压入

图 15-5　异物压人和捆带压痕

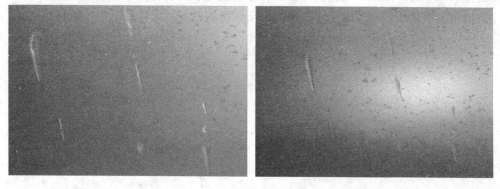

图 15-6　挂蜡

15.3　减少压痕缺陷的措施

15.3.1　轧制压痕避免措施

（1）卷取夹送辊辊面光洁，没有明显黏钢或凸出部分，用手触摸没有毛刺感，在轧制汽车板时与汽车板接触部分没有明显亮带。

（2）助卷辊表面光洁，无明显大片凹坑黏钢，压下辊、托卷辊及配重辊表面无明显凹坑、黏钢及凸出物。

（3）精轧侧导板及卷取侧导板表面无明显凹槽黏钢。

（4）卷取机夹送辊与护板间隙控制在 1.8~2.4mm 之间。

（5）加强卷取跟踪准确性，保证卷取机辊面不黏钢。加强精轧板形控制以预防甩尾造成的轧辊黏钢。

（6）卷取机夹送辊、助卷辊要确定合理的冷却水量，以免在轧制过程中因温度过高而黏钢。

（7）卷取机鞍形座及步进梁表面没有焊渣及螺母之类的检修遗留物。

（8）活套辊及层流冷却辊道转动正常，没有死辊。层流冷却辊道辊面干净光洁。

（9）在线地辊及库内地辊、平整机组夹送辊，工作辊辊面无黏钢、毛刺。

（10）卷取机夹送辊擦辊器在轧制卷取温度大于 680℃ 的冷轧料及卷取温度较高的花纹板和硅钢时，投入连续打磨方式（建议安装在线磨辊装置）。

15.3.2　下线压痕避免措施

（1）钢卷下线后，在精整、吊运、堆垛过程中避免与外物碰压造成表面凹坑。

（2）经常检查开卷地辊并形成定时检查地辊机制。

（3）质检人员的工作能力和责任心是至关重要的，正确检查判定方法，及时的信息反馈与沟通，督促生产人员采取必要的措施，才能尽量避免大批的缺陷出现。

15.4　结束语

通过实际数据积累以及分析，热轧板卷压痕主要是在轧制过程以及带钢下线后因为与外物碰撞所产生的，因此控制轧制过程以及尽量避免下线钢卷与外物碰撞是减少带钢压痕的主要措施。明确压痕产生的具体工序，对于现场的检查判定具有一定的指导意义。

16 热轧带钢头部扎入卷筒扇形叶的控制及快速卸卷

16.1　引言

　　某厂热轧卷取区带钢头部扎入卷筒扇形叶的概率，随着轧线产量的增加也出现明显增高趋势，由于带钢头部扎入卷筒扇形叶后卸卷困难，从开始组织异常卸卷到黏钢打磨完成，需要 30~90min 不等，严重影响生产节奏。并且卷形质量很难保证，轻则出塔形缺陷，重则导致卷形严重不良，钢卷被判定废品。更严重的还会导致废钢和设备损坏。因此，如何改善带钢头部扎入卷筒扇叶这种状况以及发生此问题时如何能将钢卷快速卸出，是摆在我们面前必须解决的难题。

　　由于缺少相关的理论研究资料，更没有实践经验可供参考，只能根据现场实际情况，逐步摸索进行改善：（1）对比分析，查找导致此问题的原因并采取相应的措施，带钢扎卷筒卷数由平均 5 卷/月，到现在的不足 3 卷/月，平均减少了 40%。（2）不断总结现场实践经验，创新操作方法，总结一套能保证卷形良好的快速卸卷的操作方法，将处理时间由原来的 30~90min 减少到现在的 10~15min 左右，平均减少近 80%。由于卷形得到了保证，仅从质量方面每年就可以为企业增加 84 万元经济效益。

16.2　带钢卷取过程及头部扎入卷筒扇形叶

　　带钢头部进入卷取机时，卷筒在预膨胀位置直径为 745mm，3 个助卷辊位置为预设位置，辊缝设定原则为比带钢成品厚度大 2mm（该值可调），头部进入活门沿溜槽板进入 1 号助卷辊位置，之后沿 1 号弧形护板顺利进入 2 号助卷辊、沿 2 号弧形护板进入 3 号助卷辊，如图 16-1 所示，将带钢很好地贴合在卷筒周围。为了实现头部的顺利卷取以及获得良好的头部形状，3 根助卷辊的设定辊缝依次减小（助卷辊辊缝为带钢设定厚度，分别为 +3mm、+2mm、+1mm），依靠踏步动作实现头部的卷取直至顺利建张，这时卷筒膨胀，直到卷取结束尾部定位，卸卷小车上升到位收缩卷筒，将钢卷卸出卷取机。

　　带钢头部扎入卷筒扇形叶时，带钢头部 20~40mm 没有平滑地贴合在卷筒上，而是扎入了卷筒扇形叶缝隙中，导致卷筒带载时在预膨胀位置不能完全膨胀，卸卷收缩卷筒时，卷筒扇形叶会将扎在缝隙中的带钢头部夹紧，导致卸卷困难。

16.3　带钢头部扎入卷筒扇形叶的危害

　　（1）带钢头部扎入卷筒扇形叶，造成卸卷困难，影响生产节奏。

　　带钢头部扎入卷筒扇形叶，卷筒带载后无法完全膨胀（如图 16-2 所示，带钢头部扎入卷筒扇形叶时，卷筒膨胀较前一块明显偏低），带钢卷取完毕卷筒收缩卸卷时会将带钢头部夹持住（如图 16-3 所示，头部 2cm 左右折叠正对应带钢头部扎入卷筒扇形叶的长度），使得卸卷困难，钢卷不能卸出，此卷取机就不能正常投入生产，影响生产节奏。

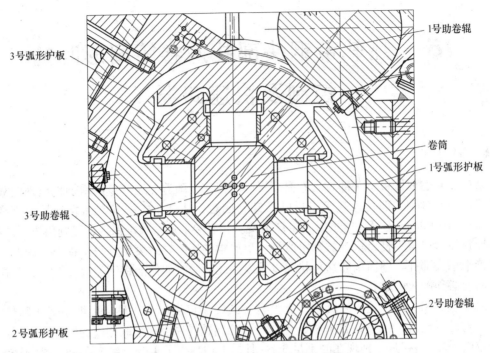

3号弧形护板

1号助卷辊

卷筒

1号弧形护板

3号助卷辊

2号助卷辊

2号弧形护板

图 16-1　卷筒与助卷辊及护板示意图

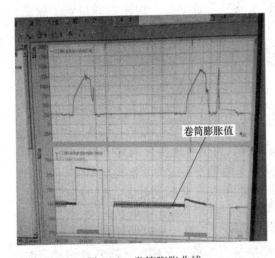

卷筒膨胀值

图 16-2　卷筒膨胀曲线

头部有2cm左右折叠

图 16-3　头部扎入卷筒扇叶折叠

（2）卸卷异常，导致卷形不良，影响产品质量及合格率。

由于带钢头部被卷筒扇形叶夹持，卷筒卸卷反转时，会带动钢卷同时转动，需要将钢卷完全反转松卷，手动膨胀卷筒，再手动将带钢卷上，这样就会出现松卷导致卷形不良，如图 16-4 所示；带钢头部不能脱离卷筒，卸卷小车向外走，钢卷本体不动，导致钢卷本体出现大塔形，如图 16-5 所示，影响正常运卷操作，需要用天车将其吊出处理。并且由于塔形无法消除，钢卷做废卷判定，影响产品合格率。

由于卷筒反转带动钢卷
反转出现松卷导致卷形不良

由于头部扎入卷筒
导致卸卷塔形

图 16-4 反转松卷   图 16-5 卸卷塔形

（3）卷取机设备长时间得不到有效冷却，影响使用寿命。

带钢头部扎入卷筒扇形叶后，处理时间持续长，高温钢卷长时间在卷取机内，卷筒得不到充分冷却，影响其使用寿命，严重时会损坏卷取设备。

（4）强制卸卷会导致卸卷小车托卷辊黏钢严重，打磨时间长。

卸卷困难时，托卷小车与钢卷会产生较大的摩擦，导致托卷辊表面黏钢，需要长时间打磨，影响生产节奏。

16.4 带钢头部扎入卷筒扇形叶原因分析

（1）卷筒扇形叶结构不合理；预膨胀时，间隙偏大。

1）扇形叶间隙偏大，如图 16-6 中 1 处，间隙值 A 在卷筒预膨胀时（745mm），理论计算为 9.7mm，考虑到磨损以及检测精度问题，间隙值约为 10mm。头部有弯折并且速度低于卷筒的速度比较多的话，头部就会扎入扇形叶间隙中，在卸卷时卷筒收缩会夹住带钢头部。所以，理论上厚度在 10mm 以内的带钢，都有可能扎入扇形叶间隙中。

2）扇形叶结构不合理，如图 16-6 中 2 处所示，扇叶板的结构为带钢入口侧尖、出口侧厚的结构，这样的结构已经能够避免带钢头部扎入扇形叶间隙中。但是，如果当带钢头部、卷筒扇叶间隙同时到达某个助卷辊位置时，带钢头部撞击

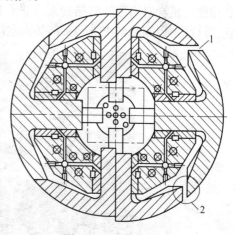

图 16-6 卷筒扇形叶

助卷辊时有出现向卷筒间隙方向折叠的机会，卷筒为正时针转动，这样折叠部分就会勾在卷筒扇形叶缝隙处，卷筒收缩时就会夹紧带钢头部，导致卸卷困难。

（2）卷筒速度设定不匹配。由表 16-1 可以看出，带钢头部扎入卷筒扇形叶主要集中在钢种 M3 系列，带钢厚度以 5~5.8mm 为主，此系列带钢的特点是卷取温度高，轧制速度快，卷筒带载时带钢头部 150m 左右容易出现拉窄现象，为控制拉窄可根据实际卷形情

况将卷取机卷筒超前率调整在 1.07 左右，也就是说，对于厚度为 5~5.8mm 的系列钢种，这个速度匹配不是特别合理。

表 16-1　带钢头部扎入卷筒扇形叶缝隙的统计

序号	日期	卷取机	钢种	规格/mm×mm	卷筒超前速率
1	2016.03.17	3 号	M3A30	5.0×1799	1.07
2	2016.03.20	1 号	M3A33	5.5×1297	1.07
3	2016.04.05	1 号	M3A33	5.0×1689	1.07
4	2016.04.06	1 号	M3A33	5.0×1322	1.05
5	2016.04.22	3 号	S235JR	2.95×1230	1.05
6	2016.04.22	3 号	M3A33	4.5×1431	1.1
7	2016.04.22	1 号	M3A33	5.8×1499	1.1
8	2016.04.30	3 号	SPHC	3×1500	1.16

（3）带钢头部不平齐，有舌形，这种带钢头部发生扎入卷筒扇形叶的概率比较大。

通过对实际带钢头部的查看发现，扎入卷筒扇形叶的带钢，基本上都是带钢头部的舌形部分长 2~4cm。头部舌形部分较带钢头部其他部位更容易发生折叠扎入扇形叶。

（4）设备磨损严重或精度达不到要求。如果卷筒磨损量增大的情况下，转动过程中在离心力的作用下，会与助卷辊之间的实际缝隙变小甚至为 0。在带钢头部进入卷取机的瞬间，因卷筒扇形叶与助卷辊的位置不对，带钢头部可能会与扇形叶发生碰撞而使带钢头部弯折，弧形护板的磨损会造成头部不弯曲弧度加大，增大扎入扇形叶的风险。

16.5　预防措施及功效

（1）对卷筒扇形叶进行本体改造。为节约成本，尽可能地延长卷筒使用周期，下机时卷筒扇形叶已经磨损至报废水平，且热裂纹等缺陷比较明显，需要重新制作扇形叶。可以利用此次机会对扇形叶的结构形式进行改造，如图 16-7 所示，将卷筒扇形叶做成带齿形状，这样可以彻底解决带钢头部扎入卷筒扇形叶的问题。

图 16-7　平整机组卷筒扇形叶结构

（2）通过修改卷筒超前率，改变卷筒速度，避免在此速度区间进行带钢卷取。

卷取易发生带钢头部扎入卷筒扇形叶的带钢时，可以在保证卷形质量和生产稳定的情况下，适当增大筒超前值来改变卷筒的速度，尽可能地避免在此速度区间进行带钢卷取，对比发现，通过改变卷筒超前率，在一定程度上降低了带钢头部扎入卷筒扇形叶的概率。

（3）优化精轧带钢头部剪切，减少带钢头部舌形对卷取的影响。对于易发生头部扎入卷筒扇形叶的带钢生产，优化精轧飞剪切头量，保证精轧机出口带钢头部平齐，减少带钢头部进入卷取机时由于头部舌形造成受力不均发生折叠而扎入卷筒扇形叶的现象发生。

（4）在卷筒磨损时，设备精度会下降，在卷筒更换前生产时，在预设的辊缝基础上适当增大辊缝，以避免带钢咬入瞬间与卷筒撞击，造成带钢头部折叠，使其顺利进入助卷辊。

由于卷筒结构改造时间周期长，卷筒结构改造的效果还没有得到有效验证，但是，通过采取上述其他措施后，带钢头部扎入卷筒扇形叶的现象，在一定程度上得到了改善，带钢扎入卷筒卷数由平均 5 卷/月，到现在的不足 3 卷/月，平均减少了 40%。

16.6　带钢头部扎入卷筒扇形叶卸卷最佳操作法

在采取改善带钢头部扎入卷筒扇形叶措施的基础上，在生产过程中也不断地探索和总结经验，从创新操作方法上来解决此问题。力争将影响降低到最小。为此，创造一种带钢头部扎入卷筒扇形叶时能够保证卷形良好，快速卸卷最佳操作法。通过生产实践，效果显著，既保证了卷形质量，又缩短了 80% 的处理时间，仅从质量方面每年就可以为企业增加 84 万元经济效益。

带钢扎入卷筒扇形叶卸卷最佳操作法：

（1）通过卷筒膨胀值（50%左右）判断带钢头部扎入卷筒扇形叶间隙。

（2）钢卷对尾完成，卸卷小车上升到上升极限后，首先锁定卸卷小车托卷辊，将卷筒卸卷反转功能关闭。

（3）将卷筒收缩功能选为手动模式，手动修改卷筒膨胀值参数，将卷筒收缩到直径为 735mm 左右（正常情况下卷筒预膨胀值为 745mm，完全收缩后直径为 727mm）。

（4）根据现场钢卷与卷筒以及卸卷小车的贴合情况，适当地点动卸卷小车上升或下降，通过现场操作人员配合，点动卸卷小车前进，确认无异常时，可快速进行卸卷操作。

带钢扎入卷筒扇形叶后，影响卷筒的正常膨胀，膨胀值与收缩值之间间隔小，导致卷筒膨胀值手动修改量比较有限。因为有带钢头部在卷筒扇形叶间隙内，卷筒完全收缩后，卷筒扇形叶会将带钢头部夹持住，导致卷筒卸卷反转时带动钢卷一起反转，出现卸卷小车走而钢卷不走，将钢卷头部或尾部带出大塔形。

通过锁定托卷辊和关闭卷筒反转功能，可以避免由于卷筒干涉而导致钢卷异常动作。卷筒预膨胀值 745mm，带钢头部扎入卷筒扇形叶后卷筒基本上无法再膨胀，通过手动修改设定卷筒收缩值到 735mm 左右（卷筒完全收缩值为 727mm），使钢卷内壁与卷筒出现间隙无干涉现象，同时使卷筒扇形叶之间也留有一定间隙，不至于将带钢头部夹持住。应尽可能在第一时间采取上述操作法进行操作，避免卷筒长时间接触高温钢卷引起热膨胀，因为这会进一步加剧卸卷操作的困难。

通过在实践中应用此操作法，带钢异常扎入卷筒扇形叶后卸卷时间大大缩短，从开始卸卷处理到打磨完成，原来的 30~90min 缩短到现在的 10~15min，基本上不影响正常生产节奏。最重要的是钢卷卷形得到了保证，通过此操作法，由于带钢扎入卷筒卸卷后卸卷造成的卷形缺陷基本上消除，提高了产品质量和经济效益，效果显著，仅从质量成本控制方面，按现在平均每月 2 卷钢计算，每减少 1 卷锥形卷或松卷，可降低成本 35000 元，每年可增加经济效益为 35000×2×12 = 840000 元。

17 热轧带钢异物压入的精准判定及定位

17.1 引言

热轧带钢产品是车轮、船板、工程机械、汽车大梁、焊瓶、输油输气管道、供给冷轧带钢原料等的重要材料，随着热轧带钢产品品种的不断增加，产量不断提高，应用范围和领域越来越广。用户在注重钢材内在性能指标的同时，也更加关注钢材的表面质量。表面质量直接影响用户对此产品的印象。可以说良好的表面质量是企业形象的重要组成部分，也是提高用户信任度的重要方法。

热轧带钢在生产过程中产生的表面质量缺陷类型较多，其中，异物压入是热轧带钢表面上最为常见的缺陷，也是最难辨别、最难定位判定的缺陷。

以热轧 2250 生产线为例，每年由异物压入缺陷造成的待处理钢卷 900 多卷，大约 22700 多吨，因为此缺陷需要切除的有 500 多吨，造成直接经济损失 175 万元，为产品质量检验工作的正常进行造成了困难，给公司造成了巨大的损失。

下面探讨异物压入的产生规律，结合平日的经验，给出一套行之有效的异物压入辨别及定位的方法。准确快速的判定也给产线的预防和改进提供有力的数据支撑。减少公司的经济损失，提高产品的表面质量，增强企业的竞争力。

17.2 异物压入的现状

异物压入缺陷是指，带钢在轧制过程中，由于机架震动，设备上的锈蚀物掉落，被压入到高温带钢表面形成的缺陷。该缺陷容易影响产品的后期使用性能，特别是冷轧料表面的异物压入，极易造成冷轧连轧过程中的断带，严重影响生产的顺稳。针对异物压入缺陷，目前主要存在下面两个问题。

（1）异物压入的辨别难。

2250 热轧厂于 2009 年投产，引进了先进的在线仪表检测设备，由于在线质量检测设备表面检测仪是对缺陷进行实时拍照取证，产品质量检查工是查看取证拍照后的图片，缺陷形貌大致相似的系统会默认为相同缺陷，仪表在使用初期存在缺陷识别不准确，容易造成错判误判，在 2011 年以前由于表检仪技术攻关不深入，而异物压入缺陷在钢卷头部或者中部，在线开卷实物只可以看尾部 6m，受平整设备局限，无法确认中部，导致产品质量检查工在表面检测仪上很长一段时间把异物压入错判为结疤，结疤按照标准及技术协议是不允许存在的，异物压入严重程度如果轻度可以判合，但是水滴如果被混淆为异物压入，就会被判定为让步带出品，为避免将这些缺陷混淆，给公司造成不必要的损失，需要对这三种缺陷的产生原因以及形貌进行分析区别，达到在表检仪上更准确地对异物压入进行准确识别。

（2）异物压入准确定位难。

由于造成异物压入的原因多种多样，各个机架间都有可能造成缺陷的产生，机架不同、钢种不同、规格不同，造成的轻重程度不同，因为不能判断是由其中哪个机架掉落的锈蚀物压入钢板表面造成，所以需要进行分析以达到对异物压入准确的定位。之前对此从来没有过明确的定位说法，异物压入处理一直没有明确思路。

17.3 异物压入的辨别和定位

通过对这些缺陷的检验难点进行分析，结合自身的判定经验，针对异物压入的辨别和定位，总结开展了如下工作。

17.3.1 准确辨别异物压入缺陷

要想准确区分与判定是否是异物压入缺陷，首先必须熟知和异物压入容易混淆的几类缺陷，包括结疤和水滴。

17.3.1.1 异物压入的形貌特征

异物压入的形貌特征是钢卷表面呈现散射彗星状黑色物体，一般中间凹陷外圈有零星点状黑点氧化物，没有明显规律。肉眼可见，一般不连续出现，多为个体出现。以目前2250 常见的异物压入形貌为例，如图 17-1 所示，明显的彗星状外形，尾部有明显的尾巴和溅落的黑点。

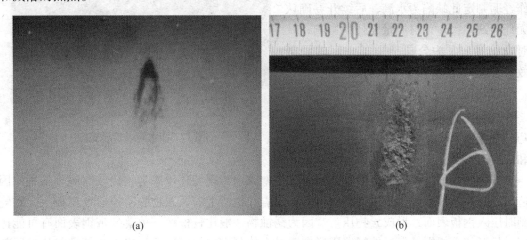

(a)   (b)

图 17-1 异物压入形貌图
（a）对应表检图片；（b）实物图片

17.3.1.2 结疤的形貌特征

结疤的主要特征是，在钢带表面形成不规则的鳞片状、条状、舌状、块状金属。有的与钢带基体相连接形成开口结疤，而有的与钢带基体不相连形成闭口结疤。闭口结疤在卷取过程中易脱落，使钢带表面形成凹坑。结疤处，表面皲裂，较粗糙，与基体结合松散，轻易地从表面揭开，与基体界面结合处较光洁。分布无明显规律，肉眼可见，一般不连续出现，多为个体出现。同样以 2250 生产线为例，如图 17-2 所示。

17.3.1.3 水滴的形貌特征

水滴一般边界分明，呈现不规则的圆形或者方形，中间有亮点，外围有明显的水冷痕

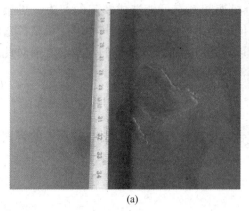
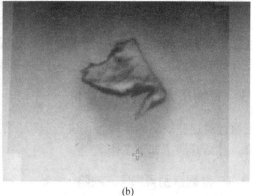

(a)　　　　　　　　　　　　　　　　　(b)

图 17-2　结疤形貌图

（a）实物图片；（b）对应表检图片

迹。以 2016 年 2 月份，2250 热轧分厂轧制一批 J55 管线钢为例，表检仪系统自动分类显示上表面多处结疤，缺陷如图 17-3 所示。通过对此缺陷分析和日常积累的工作经验判定此缺陷为水滴，后续开卷确认无任何缺陷，对钢材质量无任何影响，及时发给客户，为公司赢得了一定的经济效益。

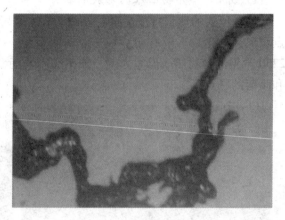

图 17-3　水滴表检形貌图

17.3.1.4　三种缺陷的辨别技巧

想要掌握几种易混淆缺陷的辨别技巧，就需要首先了解几种缺陷的产生原因和产生工序。

异物压入产生的原因一般都是精轧机机架间由于现场环境恶劣、比较潮湿等各种原因造成的在轧制过程中由于机架震动强烈，附着在机架上的锈蚀物脱落掉落在钢板上导致轧制时压入钢板表面，形成异物压入。因为锈蚀物一般比较松散，掉落到带钢表面有可能摔碎，且形状不规则，经过轧辊碾压后有明显沿轧制方向的延展，最终出现彗星状，且尾部有松散分布的小黑点。

结疤的产生主要是指在连铸过程中，结晶器铜板黏钢、扇形段漏钢等清理不干净，铸坯表面产生结疤，未及时清理干净；连铸坯切割毛刺和火焰清理深宽比不合、瘤渣未清理干净等；轧制时中间坯头尾剪切量过少，极易形成尾部结疤缺陷。板坯原料表面结疤、重皮清理不净，轧后残留在钢板表面。板坯表面有结疤、毛刺，轧后残留在带钢表面。因为其是板坯上带来的，所以结疤最明显的特征是，缺陷没有明显的彗星状尾巴。

水滴产生的原因是轧制过程中带钢线速度比较快，F7 机架水掉落钢卷表面未及时散去被上表面摄像头拍摄呈现各种各样的状态显示。水滴的特征是缺陷和基体界面处有明显的分层情况，这些分层是水在高温带钢表面从界面往内部挥发留下的水迹标志。

因此辨别三类缺陷最明显的特征如下：（1）看边部有无分层情况，有则是水滴；（2）看有无彗星尾巴，有无散落黑点，有则是异物压入，否则类似形貌的缺陷就是结疤缺陷。

17.3.2　准确定位异物压入缺陷

对于已经判断出是异物压入的缺陷，为了有效控制和合理避免，需要进行定位分析，了解缺陷产生的位置，从而可以针对性地采取措施。

目前基本将目标锁定在精轧机架，但是究竟是哪个机架的压入，针对问题，主要做了以下工作。

（1）通过体积不变定律判定缺陷产生的详细位置。通过分析 7 月份的 156 卷异物压入，根据具体缺陷位置和缺陷大小，通过计算其延伸率，来摸索其规律，根据体积不变定律，结合精轧机工作辊压下量，算出其延伸比（长/宽），通过与缺陷的延伸比作对比，从而初步推算是由哪一机架锈蚀物造成的异物压入，计算方法如下：

取一小块带钢，设进轧机前带钢的长宽高分别为 a、b、c，轧制后带钢的长宽高分别为 a'、b'、c'，如图 17-4 所示。

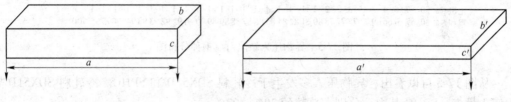

图 17-4　板坯变形示意图

设轧机的延伸率为 x，压下率为 y，根据体积不变定律有：

$$abc = a'b'c'$$
$$abc = a(1 + x)bc(1 - y)$$
$$1 = (1 + x)(1 - y)$$
$$x = y / (1 - y)$$

各机架对应的异物压入数量统计见表 17-1。

表 17-1　机架异物压入数量统计

机架		F1 前/%	F1—F2/%	F2—F3/%	F3—F4/%	F4—F5/%	F5—F6/%	F6—F7/%
延伸比 （长/宽）	2.5~3.5	1500.44	862.00	495.22	306.69	213.58	155.17	120.42
	2~2.5	1613.30	897.80	499.63	305.27	208.20	154.23	120.42
	3.5~5	1090.65	680.13	424.13	279.63	199.77	148.55	118.81
	5.0~7.0	854.35	564.47	372.94	257.44	191.33	146.73	118.12
数量		2	3	11	28	40	31	6

从表 17-1 中可以看出，F3—F4、F4—F5、F5—F6 异物压入比较多，占总数量的 63%。

（2）异物压入的发生率与钢种的关系。总结异物压入缺陷，其位置并不局限于头部几十米，距头部几百米的也比较多。由于不同钢种的轧制力、轧制速度、压下量不同，导致机架的震动程度不同，致使不同钢种的异物压入大小形貌及多少不同，图 17-5 是不同钢种对应异物压入的 Pareto 图。

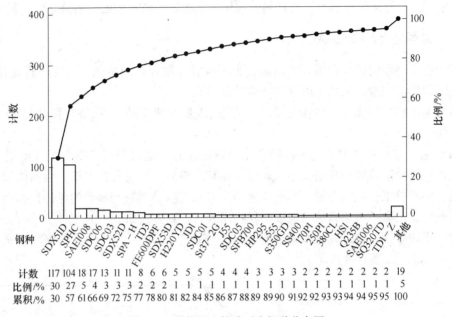

钢种	SDX51D	SPHC	SAEJ008	SDC06	SDC03	SDX52D	SPA-H	TD3	FE600DPF	SDX53D	H220YD	JDI	SDC01	St37-2G	JS5	SDC05	SFB700	HP295	L55S	S350GD	SS400	170PI	250PI	380CL	HSI	Q235B	SAEJ006	SQ320TD	TDI-Z	其他
计数	117	104	18	17	13	11	11	8	6	6	5	5	5	5	4	4	3	3	3	3	2	2	2	2	2	2	2	2	2	19
比例/%	30	27	5	4	3	3	3	2	2	2	1	1	1	1	1	1	1	1	1	1	1	1	1	1	1	1	1	1	1	5
累积/%	30	57	61	66	69	72	75	77	78	80	81	82	84	85	86	87	88	89	89	90	91	92	92	93	93	94	94	95	95	100

图 17-5　异物压入缺陷对应钢种分布图

从图 17-5 可以看出，异物压入多发生于冷轧料 SDX51D 和 SPHC。冷轧料 SDX51D 异物压入最多，SPHC 其次，分别占总数的 30%、27%。

（3）异物压入与规格关系。不同规格的同一钢种，异物压入的数量也是不同的，不同厚度对应的异物压入的 Pareto 图如图 17-6 所示。

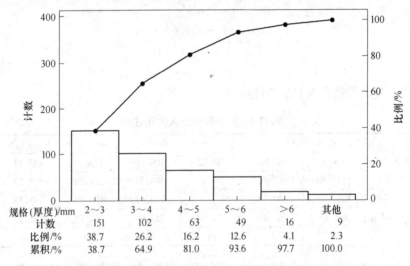

规格（厚度）/mm	2~3	3~4	4~5	5~6	>6	其他
计数	151	102	63	49	16	9
比例/%	38.7	26.2	16.2	12.6	4.1	2.3
累积/%	38.7	64.9	81.0	93.6	97.7	100.0

图 17-6　异物压入缺陷对应规格分布图

从规格的 Pareto 图看，带钢越减薄越容易出现该缺陷。

（4）结论。通过系列工作，发现薄规格冷轧料（SPHC 和 SDX51D）在精轧中间机架的压入是异物压入问题的关键。

17.4 解决措施

针对前期调研的结论，主要采取以下措施。

（1）2250 生产线检修期间，重点清理精轧机机架间锈蚀物，特别关注了 F3、F4、F5、F6 轧机出入口，图 17-7 所示为 F4 和 F5 入口清理前图片，图 17-8 所示为 F4 和 F5 入口清理后图片，清理后跟踪发现异物压入缺陷大量减少。

图 17-7　机架清理前图片

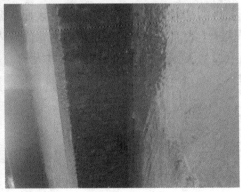

图 17-8　机架清理后图片

（2）轧制薄规格冷轧料时，当出现连续异物压入时，联系计划改厚规格轧制，避免连续多卷缺陷带来的大量经济损失。

17.5 结束语

针对精轧热轧 2250 生产线的异物压入缺陷问题展开研究，介绍了目前异物压入缺陷的现状，结合工作经验，给出了异物压入的辨别和定位技巧。在保证有效辨别和针对钢种、规格和产线位置的准确定位后，采取措施，有效缓解了异物压入缺陷给产线带来的困扰，提高了产品表面质量，减少了经济损失。

18 热轧精轧机组带钢头部飞翘

18.1　引言

飞翘是指在热轧生产中，带钢尤其是薄规格带钢，在精轧机组穿带过程中头部出现的一种飞飘和翘起现象。在 2250 分厂生产过程中，带钢头部在穿带至 F5 或者 F6 时经常出现飞翘现象，造成轧制状态不稳定，甚至当飞翘高度大于轧机护板高度时还会发生堆钢事故，造成带钢轧烂，损坏设备，严重影响正常生产。因此，结合生产实际，对带钢飞翘原因做出分析，并提出一些解决措施，大大减少了分厂头部飞翘的现象。

18.2　飞翘产生的本质

在热轧带钢生产中，工艺、轧制状态及外界环境影响程度的变化，产生不均匀的变形，导致带钢两侧和中间变形不均，带钢发生的过大不均匀变形会使带钢产生过大的内应力；再者，在带钢轧制过程中，上表面直接接触的是空气和残留在上表面的冷却水，而下表面接触的是辊道和板道，所以，上表面的温降往往比下表面大很多，这就造成了下表面延伸大于上表面，带钢头部出现向上弯曲。内应力过大和带钢头部向上弯曲两者叠加时带钢就会发生飞翘。所以，解决带钢过大的内应力和头部向上弯曲是解决带钢头部飞翘的关键。

18.3　飞翘产生的原因

18.3.1　上下表面温度差

在带钢轧制过程中，上表面直接接触的是空气和残留在上表面的冷却水，而下表面接触的是辊道和板道，所以，上表面的温降往往比下表面大很多；再者在生产薄规格带钢时，中间坯的厚度也会减小，如在生产 SPA-H5.0mm 规格时中间坯厚度为 42mm，而在生产 2.0mm 规格时中间坯厚度会降为 35mm，这又将加大上下表面的温降差。下表面比上表面温度高会造成带钢头部出现向上弯曲。

解决措施：在加热炉中使上表面温度高于下表面，在轧制薄规格时必须使用保温罩，保证刮水板封水效果，以此来减轻带钢上下表面的温度差；特别要注意在精轧区域不要摆钢，一旦出现摆钢应加大带钢的切头，减少除鳞道次，这在一定程度上可以减缓带钢头部向上弯曲。

18.3.2　中浪

当带钢中间延伸大于两侧延伸时会产生中浪，中间带钢会对两侧带钢产生拉应力，加之头部向上弯曲就会发生飞翘。

（1）工作辊热凸度过大。在轧制过程中，带钢中部温度比两边高，导致轧辊中间比两边温度高，从而出现轧辊中间的热膨胀比两边要大，产生轧辊热凸度。当工作辊热凸度过大时，会使出口带钢中间部分延伸比两侧延伸大，产生中浪。工作辊热凸度过大往往具有时间性，在轧制初期和轧制节奏慢时不会出现这一现象，但当轧制时间长或轧制节奏过快时就会出现飞翘现象。另外，要时刻注意工作辊冷却水流量是否正常，当工作辊流量不足时或者工作辊冷却不均时同样会出现工作辊热凸度过大的现象，从而发生飞翘。

解决措施：根据轧制规格、轧制状态合理控制轧制节奏，同时要定时监控工作辊冷却水流量是否合理，在每次换辊时必须查看工作辊冷却水水嘴是否有堵塞并及时清理，以减小因工作辊热凸度过大对轧制状态的不良影响。

（2）工作辊窜辊不合理。在 2250 分厂控制带钢凸度的方式是 PCFC 模式，值得注意的是 PCFC 的控制模式遵循凸度优先原则，即当带钢凸度与平直度发生矛盾时，会优先考虑满足带钢凸度，从而牺牲了对带钢平直度的控制。在轧制薄规格带钢时，前四架轧机使用的是 PFC 模式，当带钢在轧制时实际轧制力比设定轧制力偏小时，下一块带钢穿带前该机架会使工作辊向负方向窜动（即上工作辊向操作侧窜动，下工作辊向驱动侧窜动；反之则为向正方向窜辊），这就造成了有时前四机架向负方向窜辊，使板凸度过大，为了保证带钢凸度，后机架会向正方向窜辊，从而加重了后机架中浪的产生，产生飞翘。

解决措施：针对二级下发的窜辊值不合理，二级需优化 PCFC 的模型。根据以往经验，在 3.0mm、2.5mm、2.0mm 类似规格的第一根操作人员手动在二级将 F5、F6 的 VDU 值减小 1~2 个，这对带钢头部穿带的稳定性有很好的效果。另外，当减小后几机架 VDU 值仍有严重飞翘时，可以手动将前三机架的 VDU 值各增加 2~4 个，这也可以非常有效地控制头部飞翘。

（3）工作辊轧辊实际辊型与二级输入的不相符。在 2250 分厂，工作辊辊型由备辊工输入二级，轧辊辊型在二级显示上共分两种，0 和 1。0 代表的是平辊，1 代表的是 CVC 辊。平辊和 CVC 辊的窜辊规律有很大的差别，平辊是 −150 至 +150 均匀磨损，而 CVC 辊在薄规格时 F5~F7 机架采用的是 SFR 方式，即每次窜动 10mm 左右，总行程 35mm 左右往复窜动。有时备辊工误将 F5 或 F6 工作辊辊型 1 输为 0，此时系统会将该机架轧辊误认为平辊。由于窜辊方式的不同，就会发生该机架向正方向窜动太大，造成该机架出口板凸度过小而出现严重中浪，造成飞翘。

解决措施：轧辊辊型的输入必须确认无误后才能上传二级，分厂操作工在接收到轧辊信息后必须认真核对，必要时可指派专人负责此项工作。

18.3.3　轧制速度和压下率过大

轧制速度和压下率不能直接引起飞翘，但能影响到飞翘的严重程度。轧制速度和压下率越大，飞翘越严重，反之减轻。压下率对飞翘的影响程度，不同材质的钢材程度不同。如轧制厚度为 2.0mm 规格的低碳钢时，该机架压下率到达 22% 时，就已影响带钢头部的正常穿带，但将压下率调整至 16% 时，飞翘现象基本消除。而在轧制低合金钢如焊瓶钢时，压下率的调整对飞翘的影响程度较小。当带钢出现飞翘时，在保证工艺允许的前提下可以降低该机架的速度。限制轧制速度对轧制稳定性起到的效果比较明显，在轧制 SPA-H1.6mm 厚度规格时，可以将 F7 轧制速度限速至 10m/s，这将大大减少带钢头部飞翘的现象。

解决措施：根据经验提前对压下率进行干预，可以有效控制带钢的飞翘。在工艺允许的前提下，适当降低轧制速度也能大大减少带钢的飞翘现象。

18.3.4　来料质量

中间坯形状不规则、温度不均都会造成轧机穿带不稳定，带钢变形不均，使带钢产生内应力。

解决措施：在轧制薄规格时必须使用保温罩，粗轧区域应根据中心偏差曲线及时调整水平值，在轧制至薄规格前找到既能保证板坯板形又能保证板坯楔形的水平值。

18.3.5　设备的影响

由于薄带钢轧制时穿带速度比较快，而且在后几个机架时带钢很薄，一旦头部撞击到板道上时，非常容易引起飞翘而造成事故。2011 年 3 月 22 日，2250 分厂就因为带钢头部顶到板道而飞翘堆钢。从现场查看，发现在活套裙板和出口刮板的衔接处有明显的凸台，这是因为带钢长时间磨损这里，将本来的圆角磨平了，形成凸台，在轧制薄规格时非常容易撞击到这里。另外，刮板的沉头螺丝向外突出过高也会造成头部顶钢。由于长时间过钢，出口刮水板水平度会发生变化，也容易在带钢头部高速通过时形成一个坡起的效果而使带钢发生飞翘。

解决措施：在设备方面，在检修和每次轧制薄规格前的换辊间隙，必须对刮板水平度、出口刮板沉头螺丝、活套裙板等做到细致的检查，确保带钢穿带时头部不会刮蹭到。

18.4　结束语

带钢在穿带过程中头部发生向上弯曲和产生比较大的内应力是带钢飞翘的根本原因，对飞翘影响最大的就是上下表面温差和带钢的中浪，解决带钢头部上下表面温差和中浪是解决带钢飞翘的两个思路。具体方法有：

（1）加热炉中使上表面温度高于下表面，轧制薄规格时确保保温罩的投入使用，适当加大切头量，精轧前一定不能摆钢，这是保证头部上下表面温差不大进而减少飞翘的有效方法。

（2）合理控制轧制节奏，及时清理堵塞水嘴，这可以有效预防飞翘的发生。在二级 PCFC 模型不完善，审辊不太合理时，根据现场情况及时调整各机架 VDU 值，这是改善中浪引起飞翘的非常有效的临时方法。

（3）调整压下率和轧制速度也是改善飞翘的很好的措施。

（4）加强板道检查，避免带钢头部撞击板道发生飞翘。

19　热轧精轧控制对卷形缺陷的影响

19.1　引言

随着用户对热轧成品带钢质量的要求越来越严格，以及为了提高带钢最终成材率，减少切损率，减少吨钢成本，提高自身的核心竞争力，1580mm 热轧生产线轧制对带钢的卷形缺陷控制进行了一系列的攻关。但是随着 1580mm 轧制品种的多元化，每月生产薄规格批量不断增大，精轧在轧制薄规格、硬质钢种带钢时控制不稳定，给卷形控制带来一定的难度。所以精轧控制在控制卷形上起到了至关重要的作用，也是现在各个钢厂技术人员和操作人员的重点、难点工作。最常见的热轧钢卷外形缺陷为塔形，1580mm 热轧生产线自投产以来塔形缺陷一度占到 12% 以上，严重影响了公司产品质量和带钢成材率，如何更好地控制卷形缺陷迫在眉睫，所以热轧作业部对降低卷形缺陷进行了深度攻关。

19.2　受精轧影响的带钢外形缺陷的种类

最常见的热轧钢卷外形缺陷为塔形、头部折叠、鱼尾、烂尾等，塔形缺陷一般分为内塔形、外塔形和层间塔形等，如图 19-1 所示。

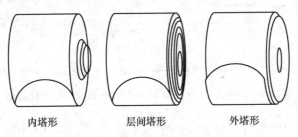

内塔形　　　　　层间塔形　　　　　外塔形

图 19-1　几种典型的不良卷形

19.3　精轧对带钢外形缺陷的影响和攻关措施

19.3.1　精轧控制对塔形的影响

精轧轧制出来的带钢的镰刀弯是卷形塔形缺陷的最主要因素，镰刀弯大小会直接反映到卷形的好坏，一些大的镰刀弯或 S 弯卷曲经过夹持后也会产生塔形，所以控制好精轧镰刀弯就能控制好塔形。带钢的楔形也会反映到卷形上，如果通卷楔形或镰刀弯比较大，就会导致卷取带钢成卷时发生横移，卷出"碗状卷"，如图 19-2 所示。

精轧机的刚度也对 F7 出口镰刀弯和轧制稳定性起到一定的作用，之前测量的精轧各机架移动块与牌坊开档间隙均大于 4mm，严重超出 0~1mm 的标准。为此，从 2015 年 8 月开始陆续更换新移动块及固定块滑板，2015 年完成了 F6、F4 两架移动块更换，2016 年又完成了后 5 架移动块更换，逐步将间隙值恢复至标准范围内。更换后，测量工作辊牌坊两

图 19-2　碗状卷

边开口尺寸，从目前测量手段来看，满足功能精度要求。

图 19-3 所示为 2016 年 1~6 月份 1580 精轧各机架刚度变化趋势，其中 6 月份相较 1、2 月份精轧各机架刚度平均提高 17t/mm。

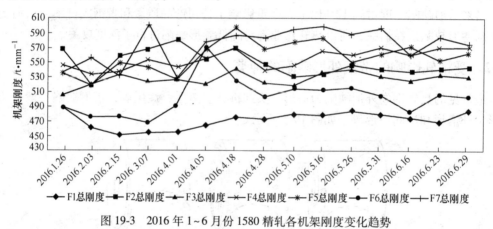

图 19-3　2016 年 1~6 月份 1580 精轧各机架刚度变化趋势

精轧头尾 60mm 以内镰刀弯命中率如图 19-4 所示，可见 2016 年 5、6 月份功能精度完成恢复计划后，镰刀弯命中率明显上升。

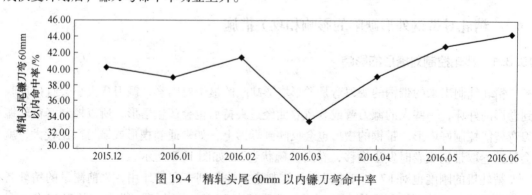

图 19-4　精轧头尾 60mm 以内镰刀弯命中率

（1）精轧首先要根据粗轧中间坯头部变化状态，来给定预调辊缝水平值，特别是 F1 和 F7 的辊缝水平差值。

（2）及时检查和测量飞剪前侧导板、小立辊以及各机架前的侧导板磨损和开度情况，优化其短行程。

（3）与上下工序沟通顺畅准确，与粗轧沟通中间坯镰刀弯和轧制状态，无法消除的镰刀弯要反馈给卷取，卷取采取措施避免塔形，还可防止卷取卡钢事故的发生。

（4）提高自身的操作水平，在平时的操作中总结经验，加强交流学习，学习好的操作方法。

（5）楔形大了及时联系粗轧调整，避免通卷大楔形，厚规格机架内出现浪形要及时干预辊缝值。

（6）继续优化设备，提高轧机刚度，提高设备功能精度。

19.3.2 精轧控制对头部折叠的影响

目前的头部折叠大部分都是精轧导致的，随着穿带速度的提高以及机架出口设备的磨损，头部飞起越来越大地影响了带钢的头部折叠。精轧出口头部飞翘是造成卷取头部折叠缺陷的主要因素。约有 80% 的头部折叠缺陷源于精轧出口飞翘撞击仪表屋后头部翻转，因此，降低钢卷头部折叠缺陷须重点对精轧出口飞翘进行攻关。精轧出口飞翘根据其表现形态分为两类，具体如下。

（1）"刚性上扬"飞翘。

该类飞翘带钢头部出 F7 后直接上扬撞击仪表屋，动作比较"干脆有力"。

经分析，该类飞翘与 F7 出口下刮水板封水状态存在明显对应性，下刮水板封水差时向上涌出的水对带钢存在托举力，致使带钢头部穿出 F7 后出现上扬飞翘。改善下刮水板封水后，该类飞翘问题得以控制。

（2）"运行受阻"飞翘。

该类飞翘带钢头部出 F7 后存在明显的"停顿"而后上扬撞击仪表屋，可判断为头部运行受阻所致。

经测量，F7 出口下导板与机架辊之间高差为 40mm（标准 20mm），沿轧制线方向导板在前、机架辊在后，相当于有较大的逆向高差，容易对运行带钢产生阻滞。后对 F7 出口下导板加垫调整，将该高差缩小为 20mm，该类飞翘得以明显控制。

经过精轧出口头部飞翘攻关，薄规格头部折叠比例不断降低，5~6 月份，已稳定控制在 0.4% 以内，如图 19-5 所示。

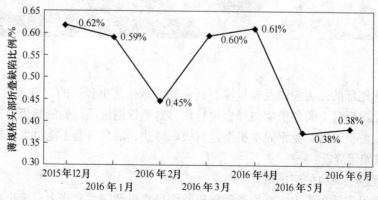

图 19-5 薄规格头部折叠缺陷比例趋势

19.3.3　精轧控制对鱼尾的影响

鱼尾的产生是由于带钢尾部在轧制中两侧延伸不一致，或者飞剪剪切不干净而产生的。带钢在实际生产中不可能完全消除楔形，或者为了控制尾部抛尾稳定人为地跑偏一侧，粗轧中间坯本身带来的楔形精轧消除不了，带钢带来的两侧温度不一致或在轧制中冷却不一致，使得带钢一侧延伸大于另外一侧，特别是薄规格，鱼尾会越轧越大。飞剪剪切最理想的状态是切掉头部不规则部分，包括温度不均部分，但实际生产中，受检测元件影响和后续成材率的要求，剪切会发生剪切不干净的情况，导致两侧延伸长度不一致，导致大的鱼尾，同样会对精轧轧制稳定性产生影响。

（1）轧制中出现楔形大要与粗轧及时沟通，在厚规格过渡时要对楔形进行调整。

（2）优化飞剪剪切系统，切头尾要干净完全。

19.3.4　精轧控制对烂尾的影响

烂尾基本都是精轧产生的，如图 19-6 所示，烂尾大部分是精轧甩尾导致的，带钢在精轧抛尾时，跑偏轧破、甩尾轧破或者是浪形轧破。带钢尾部轧破并非以上述各种单一形式发生，在实际生产中往往是多种形式共同作用、共同存在，此时尾部轧破将非常严重，甚至有时将带钢轧断，严重制约生产。烂尾不仅会对卷形产生缺陷，还有可能对卷取的夹送辊辊面产生磨损影响后续质量，精轧机也会对轧辊产生损害，导致压痕辊印等一系列质量问题。精轧控制好抛尾状态至关重要，特别是薄规格和难轧钢种规格，事先制定好措施，预防烂尾的产生。

图 19-6　烂尾

（1）优化尾部的张力控制及套量控制，实现"减张落小套"的"软着落"控制技术。

（2）优化抛钢时下游各机架侧导板短行程，避免带钢甩尾打到侧导板上造成的轧破。

（3）在上游机架即将抛钢时本机架进行级联降速，活套落套不能过大，使抛钢带钢平稳进入下游机架辊缝。

（4）合理控制飞剪的切尾量。

（5）合理设定活套张力，在生产薄规格软钢可将机架间活套张力设定小些，在生产硬质薄规格时可将机架间活套张力设定大些。

（6）首先优化精轧负荷分配，F1～F7 轧制力呈阶梯下降，保证接近的等比例凸度控制。

精轧对卷形的影响也不是单一存在的，在实际生产中往往是多种形式共同作用、共同存在，所以只有加强自身的操作水平，出现问题能及时进行准确干预，才能更好地控制好卷形，也可以减少出事故的几率。

19.4 取得的成果

2016 年上半年塔形控制方面取得了较好的成绩，详情如下：

（1）马口铁塔形比例持续呈下降趋势，6 月份达到上半年最好水平 3.84%。

（2）SPHC 塔形比例持续呈下降趋势，6 月份达到上半年最好水平 2.46%。

（3）HM290TD 塔形比例总体呈下降趋势。5 月份达到上半年最好水平 1.74%。

（4）SPA-H 塔形比例在波动中下降，总体控制在 10% 以内。至 6 月份，塔形控制较好，比 5 月下降 4.35%。

主要钢种塔形趋势如图 19-7 所示。

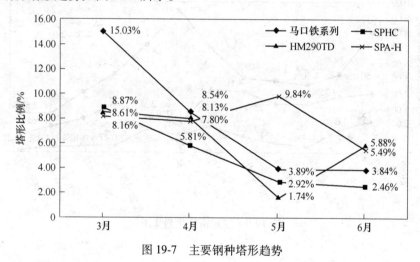

图 19-7 主要钢种塔形趋势

从 1580 卷形缺陷比例趋势来看，如图 19-8 所示，从 2015 年 12 月以来的最高值为 12.8%，后呈逐月下降趋势，6 月份为 3.88% 达到历史最好水平。

从图 19-8、图 19-9 可以看出，2016 年薄规格产品比例略有升高，而缺陷发生率都呈明显下降趋势，说明对薄规格卷形控制水平确有提高。

1580 生产线卷形缺陷按类别分的变化趋势如图 19-10 所示。

从缺陷类别看，经过半年攻关，外塔缺陷降幅最大，效果最为明显，内塔缺陷控制水平稳步提高，其他类缺陷总体控制相对稳定。

19.5 经济效益

2016 年 12 月份因卷形问题预判平整率为 8.66%，经过一段时间攻关，因卷形问题预判平整量基本控制在 1.5% 以内。

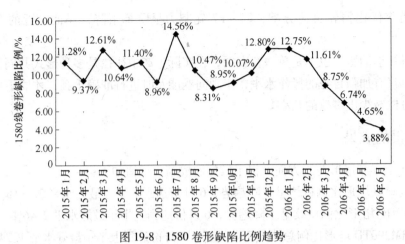

图 19-8　1580 卷形缺陷比例趋势

（图中统计数据为所有卷形缺陷，包括塔形、层错、破边、折叠、烂尾、鱼尾）

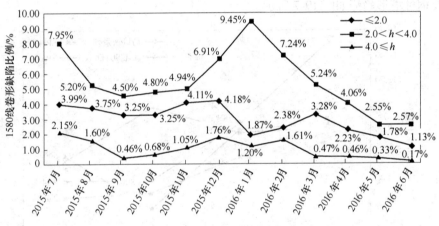

图 19-9　按规格变化趋势图

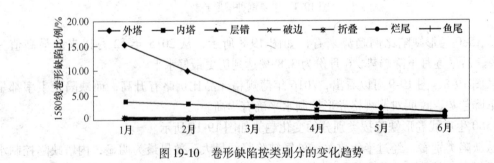

图 19-10　卷形缺陷按类别分的变化趋势

平整加工费 50 元/t；废钢与合格品差价 1000 元/t；1580 产量约 31 万吨/月；平整因修复塔形成材率约 92%。

直接经济效益 = 月产量 × 预判减少率 × [平整加工费 + (1 - 平整成材率) × 差价]

= 31 × (8.66% - 1.5%) × [50 + (1 - 92%) × 1000] = 288.55 万元/月。

19.6   结束语

自攻关以来，设备精度水平和精度保持、操作工控制水平都有明显提高，这是降低卷形缺陷发生率的根本保障。故根据不同区域特点，固化已有的检查制度和问题处理措施，明确精度标准和处理措施。经过半年的卷形缺陷攻关，缺陷比例已经达到历史最低水平，也超过了同类钢厂，但是卷形缺陷比例仍可以继续降低，这需要在以后的攻关中继续提高设备和操作人员的水平，将卷形缺陷比例控制在最好水平。

20　热轧汽车板表面氧化铁皮的控制

20.1　引言

随着市场需求的日益细分以及汽车用户产品档次的提高，汽车板对热轧原料质量的要求也在不断提高。2160 热轧厂历经数次技术攻关改造，产品质量取得了长足的进步，但在质量改进工作过程中也陆续遭遇了用户提出的"麻点"问题，即因热轧板卷表面"氧化铁皮"缺陷的存在，影响连续退火及镀锌板的表面质量。结合汽车板的日常生产实践，通过长期攻关，总结出一套有效解决辊系氧化铁皮的控制措施，并积极推广到整个热轧厂，使汽车板热轧工序的表面质量合格率稳定控制在 90% 以上。

20.2　氧化铁皮缺陷定义及检测方法介绍

20.2.1　氧化铁皮的定义

本研究中的三次氧化铁皮缺陷是指精轧工作辊由于长时间轧制，导致辊面粗糙甚至局部位置氧化膜脱落造成的带钢表面氧化麻点缺陷，如图 20-1 所示。

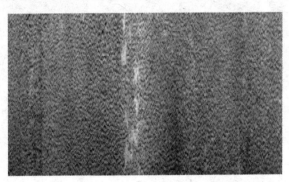

图 20-1　热轧带钢表面氧化麻点缺陷

20.2.2　百事太在线检测系统

热轧 2160 生产线于 2009 年 6 月开始安装在线表面检测系统，7 月份开始使用。带钢表面质量检测仪能够对整条带钢表面质量情况进行实时监控，并自动对缺陷分类。表面检测仪具有逐卷精确检验、准确确定缺陷位置、反馈及时等优点，质量控制方式发生了重大转变。在保证质量的前提下提高产量，达到双赢的目的。

自百事太表面质量检测仪安装调试完成后，根据带钢表面氧化铁皮的面积和程度对汽车板表面进行分类。表面等级主要分为四级，分类标准见表 20-1，各等级图谱如图 20-2 所示。

表 20-1　表面评级标准

表　面		允许的缺陷种类	不允许的缺陷种类
级别	质量等级	缺陷（如轧痕等）	缺陷（如粗糙度、氧化铁皮等）
1	O5	可见，摸不出	严重粗糙
2	O4	可见，可以轻微地触摸到	细的氧化铁皮孔洞；细的氧化麻点
3	O3	直接可以触摸到，但没有尖锐的棱角	中等的氧化铁皮孔洞；中等的氧化麻点
4	O3	直接可以触摸到，也有尖锐的棱角	严重的氧化铁皮孔洞；严重的氧化麻点

注：当带钢表面质量达不到 4 级水平时，自动降为 R 级。

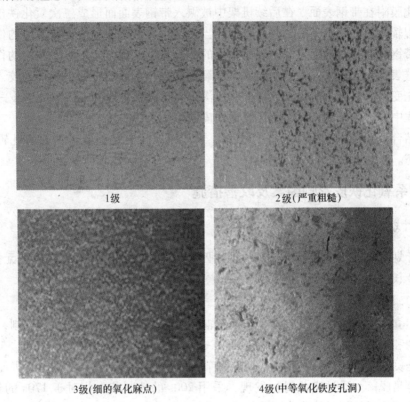

1级　　　　　　　　　　2级（严重粗糙）

3级（细的氧化麻点）　　　　4级（中等氧化铁皮孔洞）

图 20-2　各等级对应图谱

20.3　轧辊系氧化铁皮机理分析

　　辊系氧化铁皮是指在精轧机架内由于温度或工艺水控制不当等原因导致的轧辊表面质量受损，从而导致带钢表面形成的麻点状氧化铁皮。这种氧化铁皮为三次氧化铁皮，呈疏松状或散沙状，国内称之为细孔或麻点，国外称之为 pepper and salt，其原因主要有以下几个方面。

　　（1）轧制计划编排不合理，如将对表面要求高的板材排在轧制计划后期。

　　（2）机架水使用不当，导致产生氧化铁皮。

　　（3）粗轧温度控制过高，不利于氧化铁皮控制。

　　（4）带钢下表面温度高于上表面，不利于下表面氧化铁皮控制。

（5）带钢经过精轧前机架发生剧烈氧化。

（6）轧辊冷却水、防剥落水使用效果差，影响轧辊氧化膜的建立，导致氧化铁皮产生。

（7）前部机架负荷过大，单位轧制力过大，导致辊面氧化膜剥落，产生氧化铁皮。

总体而言，轧辊系氧化铁皮的形成原因都可以归结于辊面氧化膜局部或者片状脱落。轧辊氧化膜是在辊面、带钢以及轧辊冷却水形成的高温、高应力、水蒸气等工况条件下，通过辊面中铁离子和氧的扩散来形成和生长的。氧化膜的脱落一般是由于受到热应力和交变应力的作用造成的。轧辊表面氧化层脱落会造成带钢表面氧化铁皮压入。一方面，剥落的辊面氧化膜附在带钢表面，在后续机架中被碾入带钢表面而形成三次氧化铁皮。另一方面，工作辊辊面氧化膜剥落后，辊面变得相当粗糙，在带钢变形区，前后滑的作用使工作辊与热轧带钢具有相对运动，此时辊面凸出的部分对带钢表面产生类似犁沟的作用，沟中露出的新鲜表面在水和大气中氧化生成三次氧化铁皮，在后续机架中变形的咬入初期，沟两侧由于先变形而破碎的氧化铁皮部分落入沟中，与沟中生成的三次氧化铁皮一起，在继续变形过程中被碾入带钢表面而形成氧化铁皮缺陷。

下面结合 2160 生产线的实际生产情况，从以下几个方面研究如何改善轧辊氧化膜的热应力状态。

20.4　辊系氧化铁皮影响因素及改善措施

20.4.1　计划编排

轧制计划对表面质量的影响主要体现在四个方面：烫辊材选择、轧制单元排产长度、薄规格排产长度、高温钢排产长度。

20.4.1.1　烫辊节奏及烫辊材选择

要想建立理想的氧化膜，关键在于工作辊上机后轧制初期的辊身温度控制，因此烫辊节奏的控制和烫辊材的选择显得尤为重要。

首先是烫辊节奏的控制，轧制初期轧制节奏过快会导致轧辊温度过高，进而造成氧化膜过厚而容易脱落。通过实验对比发现，采用 200s 的轧制节奏相对于 170s 的轧制节奏，辊面恶化的开始时间相对较晚。因此热轧 2160 生产线的烫辊节奏一般采用不低于 200s 的恒轧制节奏。

其次烫辊材的选择对于控制辊温也十分重要。通过对比终轧温度分别为 880℃ 和 915℃ 的烫辊材发现，终轧温度较高的钢种会造成辊温升高过快，辊面恶化较早。因此在烫辊过程中不允许安排终轧温度超过 900℃ 的钢种。

另外，烫辊材钢种终轧温度的过渡跳变，会引起轧辊表面热应力的剧烈变化，通过实际的生产数据积累，发现烫辊材终轧温度跳变超过 20℃ 时，会引起后续轧辊表面氧化膜的剧烈恶化，因此在排产时，烫辊材终轧温度跳变不允许超过 20℃。

20.4.1.2　轧制单元排产长度

通过跟踪数个长计划（长度达到 60~80km）冷轧基料的表面质量发现，表面质量出现降级一般是在轧制 40km 之后，50km 后集中出现。由此认为基于热轧 2160 生产线，在轧制计划 50km 之后不能安排高表面要求的冷轧基料。

20.4.1.3　薄规格轧排产长度及节奏控制

通过多次轧制成品厚度小于 3mm 规格的轧制计划发现，这种规格的带钢表面质量会早于 50km 出现 4 级品，相应的过早的出现 3 级品，薄规格排产块数 30 块以内，轧制 40km 以内（30km 以内为佳）时，按照 200s 的轧制节奏可以保证带钢表面 2 级水平。

轧制节奏控制对薄规格带钢表面质量的控制也是至关重要的。以两个典型轧制计划 HM09320035 和 HM09330017 为例，HM09320035 计划轧制节奏为 200s，HM09330017 计划轧制节奏为 150s，轧制节奏 200s 可以保证 43 块带钢的表面等级为 1 级和 2 级，而轧制节奏为 150s 只能保证 24 块带钢的表面等级为 1 级和 2 级，如图 20-3 和图 20-4 所示。因此认为轧制节奏和薄规格的长度之间存在对应关系，在生产过程中轧制节奏要根据薄规格编排的长度进行控制，但是一般薄规格长度以 30km 以内为最佳，否则对机时产量及表面质量的控制均不利。

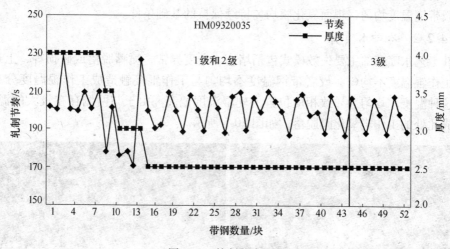

图 20-3　轧制节奏 200s

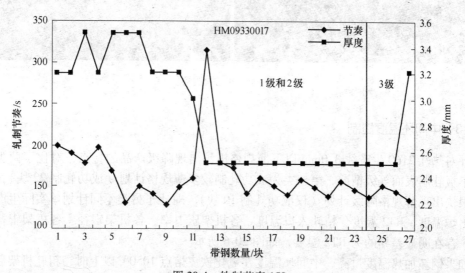

图 20-4　轧制节奏 150s

20.4.1.4　高温钢排产长度

生产过程中发现终轧温度高于900℃的钢种连续编排过长会造成辊面过早恶化。根据统计结果，轧制长度低于25km带钢基本可以保证1级和2级表面；在25~30km范围内带钢的表面质量会不稳定，出现2级或者3级；而当长度大于30km几乎都会出现明显的中度氧化麻点，即3级甚至4级表面。因此高终轧温度钢种连续排产的长度不允许超过30km。

20.4.2　设备状态

20.4.2.1　擦辊器

擦辊器的主要作用是防止工作辊冷却水在冷却工作辊之后直接落到带钢表面，造成带钢和工作辊横向温度分布不均，导致辊面恶化。因此保证擦辊器的完整及封水效果，是保证轧辊及带钢温度均匀，辊面氧化膜均匀持续保持的基础条件。

20.4.2.2　冷却水喷嘴

精轧工艺水喷嘴的主要失效模式包括堵塞、角度异常、喷嘴脱落或破损等，上述问题会造成工作辊温度不均匀，或者带钢温度不均匀与工作辊接触造成工作辊温度分布不均匀，而这种温度不均匀会导致相应位置的轧辊温度偏高。由于与两侧存在较大的温度差，极易造成此处的工作辊氧化膜脱落，如图20-5所示。

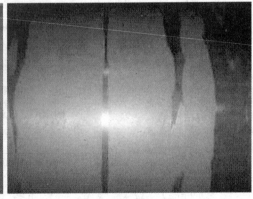

图 20-5　氧化膜脱落

20.4.3　中间坯温度控制

针对热轧2160生产线3.0mm以下薄规格极易出现降级产品的特点，对比了两类计划单汽车板轧制表面等级情况，第一类为成功轧制较多薄规格计划（成功轧制22块），第二类为很快出现薄规格降级计划（仅成功轧制10块）。对比了另类不同计划单实际生产过程中的出炉温度、RT2温度、精轧入口温度、各机架压下率、各机架辊径、各机架辊径差等参数，存在明显差异的为RT2温度，如图20-6所示。

如果钢坯加热温度过高，中间坯温度在氧化铁皮熔点1050℃以上时，粗轧机架后的中间坯会形成很薄的氧化铁皮黏附在钢坯上，当中间坯到达F1时，生成的氧化铁皮还处于熔融状态，精除鳞机很难去除，形成二次氧化铁皮。从2160轧线的实际生产情况来看，当 RT2 温度高于 1085℃时，带钢表面出现二次铁皮的概率明显增加，当 RT2 温度低于 1080℃时几乎不出现因二次铁皮压入导致的封锁卷。因此对于薄规格生产，RT2 温度控制应低于 1080℃。

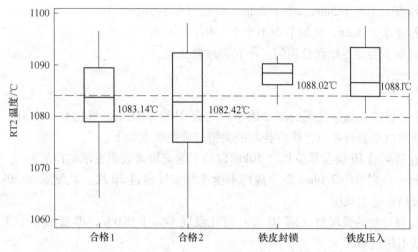

图 20-6　不同 RT2 温度对氧化铁皮的影响（RT2 温度的箱线图）

20.4.4　防剥落水

防剥落水在轧制冷轧基料的过程中起到了防止辊面氧化膜剥落的作用。研究也发现在不投入防剥落水的情况下，特别是中部机架的防剥落水，很容易出现辊面大片氧化膜脱落的情况。主要原因是防剥落水喷射到进入辊缝的中间坯表面，使中间坯表面的温度迅速下降，进而在与轧辊接触的过程中降低辊面的温度，因此在轧制高表面质量要求的冷轧基料过程中必须投入防剥落水。图 20-7 所示为其他工艺条件相同时，防剥落水开启与否的汽车板表面对比。

图 20-7　防剥落水开启与否表面质量对比
（a）开启；（b）不开启

20.4.5　轧制节奏控制

在 20.4.1 节中已对烫辊节奏的重要性及对辊面的影响进行了分析，通过不断摸索，为了保持光滑的辊面，发现厚度规格与轧制节奏之间应保持如下关系：

（1）烫辊材不低于 8 块，轧制节奏不低于 200s。

（2）厚度大于等于 4mm，轧制节奏不小于 120s。

（3）厚度大于等于 3mm，小于 4mm，轧制节奏不小于 150s。

（4）厚度小于 3mm，轧制节奏不小于 190s。

（5）轧制节奏要尽量保持均匀，不允许频繁变动。

20.5　结束语

通过分析影响轧辊氧化膜的多个因素，结合 2160 热轧生产线的生产实际，得出高表面质量要求的汽车板辊系氧化铁皮控制的关键过程控制点如下：

（1）计划单前 10 块及单位长度 50km 以后不能安排高表面要求的冷轧料。

（2）每个计划单中 3.0mm 以下规格不能连续安排超过 30 块，轧制长度 30km 以内最佳，更薄规格要适当减少。

（3）轧制计划的烫辊材（前 10 块）终轧温度不大于 900℃，厚度不小于 3.2mm，终轧温度跳跃不超过 20℃。

（4）每个计划单中终轧温度大于 900℃的不能超过 30km，建议不超过 25km 为宜。

（5）对于薄规格产品，中间坯温度控制应低于 1080℃。

（6）保证设备正常稳定运行，特别是喷嘴、擦辊器等工艺件，轧辊防剥落水对辊面质量的保持至关重要，生产过程中必须保证防剥落水喷嘴及流量的正常。

（7）严格控制烫辊节奏，根据主轧材规格控制适当的轧制节奏，轧制节奏保证均衡，不得频繁跳变。

通过不断改善影响轧辊表面质量的各种因素，高表面等级要求的汽车家电板 1、2 级逐步提高质量等级，2011 年 9 月开始至今，1、2 级合格率一直稳定在 90% 以上，同时汽车板也在不断地取得高端汽车品牌的认证资格，产品质量得到了下游客户的肯定与认可。

21 锈蚀物类异物压入的辨识及改进措施

21.1 引言

热轧 2250、1580 两条线投产至今，从热轧责任带出品构成来看，改规格、异物压入、宽超及氧化铁皮四类缺陷导致的带出品占总量近 60%，而其中以改规格和异物压入更为突出。异物压入中，锈蚀物类占 95% 以上。2015 年异物压入带出品共计 11659t，造成切损量更是无法计算。异物压入在后续的冷轧生产过程中会产生孔洞缺陷，严重时可能导致冷轧断带的危险。2013 年以前由于经验不足，这类缺陷和结疤很相似，并没有热轧制作过程中产生缺陷的特点。很长一段时间错判为结疤。所以在热轧生产过程中必须正确及时地发现锈蚀物类异物压入缺陷产生原因，采取有效的控制手段，减少这类缺陷的产生。在检验过程中，表检仪图片锈蚀物类异物压入和水滴很容易混淆，影响检验效率和准确率。

21.2 异物压入缺陷的影响

异物压入在检验过程中很是多见，造成了大量带出品，切损量太大，严重影响了合格率，成材率。而且带出品量大，补货周期长，还会影响到交货期，所以减少这类缺陷刻不容缓。下面统计了 2015 年 8 月热轧 2250、1580 两条生产线异物压入带出品比例和切损量。如图 21-1 所示。

8 月份热轧异物压入带出品共 29 卷，合计 639.55t，带出品率 0.088%。其中 2250 生产线异物压入 10 卷，278.55t，异物压入率 0.068%，1580 生产线异物压入 19 卷，360.80t，异物压入率 0.114%。以上统计可以看出，异物压入占两条线带出品比重较大。此外 2250 生产线平整异物压入切损量 308.112t，1580 生产线平整异物压入切损量 247.07t。这必须引起足够重视。

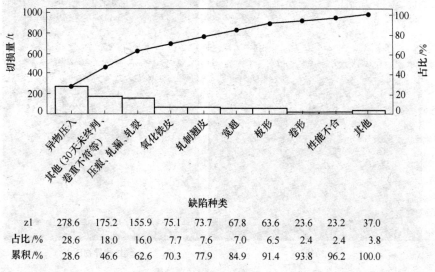

缺陷种类	异物压入	其他(30天未终判、卷重不符等)	压痕、轧漏、轧裂	氧化铁皮	轧制翘皮	宽超	板形	卷形	性能不合	其他
zl	278.6	175.2	155.9	75.1	73.7	67.8	63.6	23.6	23.2	37.0
占比/%	28.6	18.0	16.0	7.7	7.6	7.0	6.5	2.4	2.4	3.8
累积/%	28.6	46.6	62.6	70.3	77.9	84.9	91.4	93.8	96.2	100.0

(a)

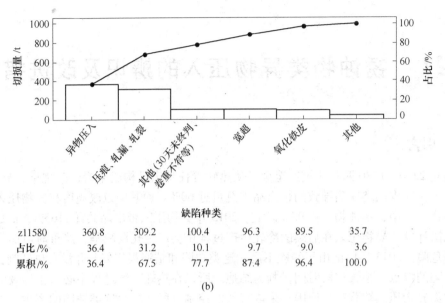

缺陷种类					
z11580	360.8	309.2	100.4	96.3	89.5	35.7
占比/%	36.4	31.2	10.1	9.7	9.0	3.6
累积/%	36.4	67.5	77.7	87.4	96.4	100.0

(b)

图 21-1　热轧责任带出品缺陷图

(a) 2250；(b) 1580

21.3　锈蚀物异物压入由判定为结疤到正确归类为异物压入的过程

结疤的定义：附着在钢带表面，形状不规则翘起的金属薄片称结疤。呈现叶状、羽状、条状、鱼鳞状、舌端状等。结疤分为两种，一种是与钢的本体相连接，并折合到板面上不易脱落，称为闭口结疤；另一种是与钢的本体没有连接，但黏合在板面上，易于脱落，脱落后形成较光滑的凹坑，称为开口结疤。

异物压入的定义：热轧钢卷上表面有不明物体掉落造成压入的缺陷。

结疤与锈蚀物异物压入图片对比如图 21-2 所示。

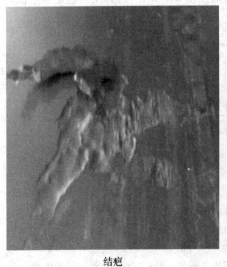

结疤　　　　　　　　　　　　　　　锈蚀物异物压入

图 21-2　结疤与锈蚀物异物压入图片对比

结疤的产生是炼钢时板坯存在的缺陷导致的。所以一直以来炼钢都在通过各种办法查找产生位置和原因，但一直无法减少结疤缺陷，结疤缺陷长期高居不下。在长期的检验过程中，发现结疤形态多样，但是基本分为两类，一类为普通结疤附着在钢带表面，形状不规则翘起的金属薄片。通过在与炼钢质量工程师的交流中找到这类结疤的产生原因，并且通过炼钢多次试验和努力，明显减少，在后期的生产中比例很小，有效地得到了解决。另一类结疤表检仪显示通常面积较大，呈不规则的圆状、彗星状，周围有散点状异物。实物观察跟带钢基体相连，颜色呈红褐色，中间有麻点状凹坑，深度不一。用砂纸打磨后肉眼观察缺陷到基体深度不是很大。第一类结疤已经找到产生原因，炼钢采取措施之后，占结疤缺陷比例为5%左右。主要问题还是第二类结疤问题得不到解决，数量还很大。

板坯厚度230mm轧制到最后为1.5~20mm左右。假如是板坯缺陷，则应有一定的长度方向延伸，而第二类结疤却没有，大多呈圆形，有彗星尾巴。对缺陷取样后，把样品和分析等相关信息反馈给技术部门，通过对缺陷样板进行扫面电镜及能谱分析，缺陷样品主要成分为铁，含有少量氧。对缺陷截面进行金相分析，为铁基体上分布着二次氧化铁颗粒及少量氧化铁，推断出其产生于轧制过程中。通过对生产工艺排查，确定为轧机机架间锈蚀物，在带钢咬入过程中产生振动后掉落到带钢表面造成的。此后这类缺陷终于尘埃落定，找到了真正的原因。

21.4　锈蚀物类异物压入在表检仪判定过程中与水滴的区别

在带钢检验过程中，无法对带钢实物全长进行查看，而且也不能每卷都检验。只能针对取样卷或者抽查方式，对尾部进行开卷查看。这样显然不能满足对异物压入的检验，只能依赖表检仪进行查看。

在表检仪查看过程中，表检仪图像真实性相对较差，容易错判。表检仪异物压入和水滴图像很相近，难以准确分辨出来。2015年10月31日针对典型的相似的缺陷进行记录，并去平整线进行实物对比，对待处理的两个卷进行缺陷确认，11月6日开卷结果如下。

此处缺陷表检显示位置为带钢头部187m、距驱动侧（距右侧）392mm，如图21-3所示，实物缺陷位置对应良好。现场开卷看缺陷深度较浅，如图21-4所示，缺陷记录准确。

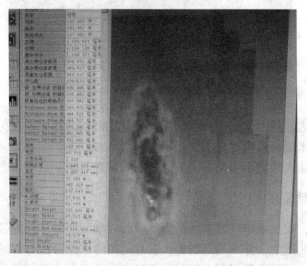

图21-3　表检缺陷照片

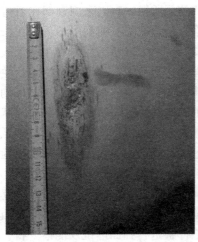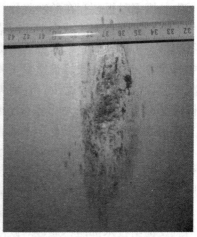

图 21-4　开卷缺陷照片

此缺陷位于带钢头部 24m，表检显示为异物压入，现场查看带钢头部 24m 前后无此缺陷，有较多水印痕迹，如图 21-5 中箭头所指黑斑外圈黑线，可以肯定此缺陷不是异物压入，而是水滴。

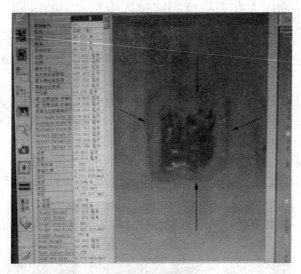

图 21-5　表检误检"异物压入"缺陷图

经过对比发现表检仪图像水滴和异物压入还是有区别的，表检仪区分不开，但是质检员是可以区分，如水滴一般边界分明，呈不规则圆形或方形，中间有亮点，外围有明显深色水冷痕迹，异物压入边界不明确，一般沿轧制方向点延伸，呈不规则长条状。

21.5　异物压入缺陷的检出

通过数据采集，找出缺陷易发钢种，提高检验效率及准确率。通过表检仪长期观察发现，异物压入缺陷的产生，并不是随机的、没有规律的出现。在日常的检验过程中发现一般出现在带钢头部。而且薄规格相对较多。能确定易发钢种、规格等信息，就可以有针对的进行表检仪查看，这样不仅提高了检验效率，也针对易发钢卷加强检验，减少了漏判。

平时查看过程中发现了一定的规律，但是为了更准确地反应出缺陷产生规律，对一个月内产生的异物压入缺陷进行了数据统计分析。

（1）基本量统计，2250分厂本月出现45卷异物压入，共6卷协议品。异物压入卷中甲班9卷，0卷协议品，1卷未终判；乙班5卷，1卷协议品；丙班16卷，2卷协议品，1卷未终判；丁班15卷，3卷协议品。典型图片如图21-6所示。

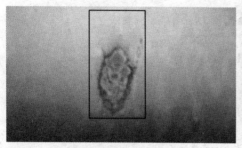
锈蚀物掉落表检照片

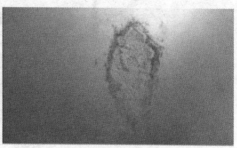
锈蚀物掉落实物照片

图21-6　锈蚀物掉落图片

（2）异物压入分布情况如图21-7所示。

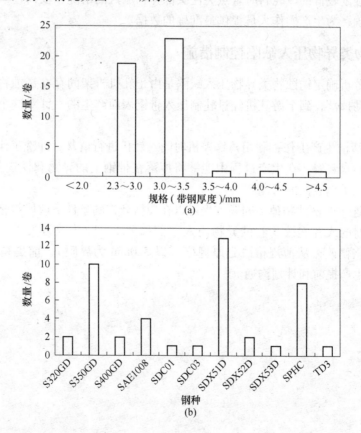

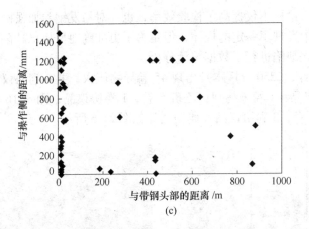

图 21-7　异物压入分布情况

（a）异物压入与规格的关系；（b）异物压入与钢种的关系；
（c）异物压入位置分布情况

通过统计分析结果可以看出在轧制 3.0mm 以下薄规格，屈服强度相对较低的钢种上异物压入缺陷较多。薄规格压缩比相对较大，轧机震动较大，掉落的机架间锈蚀物较多。在带钢通过轧机后相对比较稳定，震动减小，缺陷集中在头部。在日常检验过程中，在轧制薄规格屈服强度较低的冷轧料时重点关注头部异物压入的情况，及时记录反馈信息。确保检验及时准确，为生产操作人员提供最准确的数据。

21.6　锈蚀物类异物压入缺陷控制措施

通过以上分析确定锈蚀物类异物压入缺陷是由于轧机机架间存在锈蚀物体，在带钢咬钢瞬间产生震动掉落，到下游轧机经过轧制压入带钢表面产生的。针对这个原因可以采取以下措施。

（1）开展清洁生产工作，利用检修停机时间对轧机进行清灰、冲洗工作；同时在机架入出口增加吹扫水装置，在生产过程中能够将掉落在带钢上的异物和铁皮灰及时吹扫掉，减少了异物压入带钢表面的可能。

（2）对于连续的锈蚀物掉落问题首先可以在规格允许的条件下改厚规格生产，当出现等间隔时间 5 卷的或者连续 3 卷的异物压入（例如第 1、2、3 或者第 1、3、5、7、9 卷的）要进行规格修改，从薄规格改到厚规格（以 3.0mm 为界限），前提是不出现非计划品，这也要求生产提前和计划沟通。

22 优化操作，减少板卷箱废钢

22.1 引言

板卷箱在 2160 生产线上一个极其重要的设备。由于受轧线长度的限制，板卷箱的使用是必不可少的，而且难轧规格和极限规格几乎都得使用板卷箱。但由于板卷箱的逻辑控制比较复杂，连锁条件比较多，任何一个条件不满足或者操作不当，都可能会导致废钢。自 2160 投产以来，在板卷箱的废钢几乎不少于在精轧机组的废钢。板卷箱的合理使用和安全使用一直以来困扰着热轧的每一位领导和精轧操作工。及时发现板卷箱不满足条件的情况，并快速正确地采取一定的措施，避免在板卷箱废钢，是每一位精轧操作工必须掌握的本领。正确合理使用板卷箱，减少废钢的产生，不仅能保证轧线连续生产，而且能很大程度上减少经济上的损失。

22.2 板卷箱简单介绍

22.2.1 板卷箱的作用

板卷箱有两种使用模式，即通过模式和卷取模式。

通过模式下，板卷箱就相当于中间辊道。

卷取模式下，可以缩短粗轧和精轧之间的距离，中间坯的长度可以扩大，卷重增加，产量提高；可减小中间坯头尾温降，尤其对于较薄的规格钢、高强难轧品种钢及极限规格，能有效地保证带钢尾部的轧制稳定性。

但是，无论是在通过模式下，还是在卷取模式下，如果板卷箱的某一部位不满足条件，中间坯就无法继续轧制而在 R2 摆钢，时间一长，温度过低，精轧机组不允许轧制，只能在粗轧做推废处理。

22.2.2 板卷箱的设备结构

如图 22-1 所示，板卷箱设备结构可以分为两部分，即卷取站和开卷站。卷取站由入口侧导板、入口辊、成型辊、弯曲辊单元、开卷臂、1 号稳定器、1 号摇篮辊（1A 辊和 1B 辊）组成。开卷站由 2 号摇篮辊（2L 辊和 2S 辊）、2 号稳定器、位置辊、夹送辊单元和运输辊组成。

22.3 板卷箱废钢情况

板卷箱的废钢原因多、次数多，在 2160 投产之初，由于使用板卷箱而造成的故障停机时间长，在很大程度上影响了生产线的连续生产，并造成了很大的经济损失，见表 22-1。

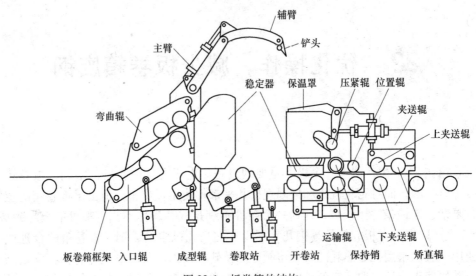

图 22-1　板卷箱的结构

表 22-1　板卷箱废钢次数及故障时间统计

项目	2008 年		2009 年		2010 年	
	时间/min	次数	时间/min	次数	时间/min	次数
操作	56	3	170	8	15	1
传动	125	3	85	2	160	3
电气	85	5	205	7	40	1
调试	477	4	90	3	15	1
二级	25	2	0	0	0	0
工艺	401	17	220	24	30	3
机械	982	17	492	18	248	10
检查	105	7	360	37	25	3
外部	863	21	190	8	0	0
介质（液压）	218	10	92	3	298	6
一级自动化	828	37	432	16	55	3
合计	4165	126	2336	126	886	31

22.4　板卷箱常见废钢的类型

22.4.1　板卷箱机械位置不到位导致板卷箱不具备条件

　　板卷箱在正常生产过程中，经常是通过模式和卷取模式互相转换。机械异动、规格变化或者标定值丢失、板卷箱某一设备不到位，都会导致板卷箱不具备条件。

　　例如：某班在 R2 轧制完第四道次，准备轧制第五道次时，板卷箱在卷取模式下接卷，板卷箱设备在动作到卷取模式状态时 1B 辊动作不到位，导致板卷箱无法接卷。操作工对 1B 辊进行手动干预，同时联系设备人员到现场确认 1B 的实际位置是否在最高位，经确认在最高位后准备切换到 OS 侧的码盘（当时使用的是 DS 侧码盘），此时 R2 操作人员反映 RT2 温度较低无法轧制，将带钢推废，R1 回炉。

原因：板卷箱卷取站在恢复到卷取模式时，1B 辊动作到高位后，设定与实际仍存在 11mm 的偏差（DS 侧码盘参与控制），而程序中设定最大偏差为 10mm。此为板卷箱不具备卷取条件的直接原因。此次故障的主要原因是铜套磨损导致机械轴与码盘输出轴不同心，导致码盘转动无法与机械输出轴同步转动，造成检测位置出现偏差，1B 辊无法到达机械高位，板卷箱不具备条件。

预防及控制措施：除了加强日常停机码盘固定支架的紧固及码盘防护检查外，完全可以在第一时间发现问题，及时进行码盘的切换或者第一时间对 1B 辊进行标定，就可以避免废钢。

22.4.2 板卷箱尾部定位不合理

板卷箱尾部定位过低或者过高，都有可能造成开卷失败，定位过低，可能就无法通过 2 号稳定器或出夹送辊单元，定尾过高，可能撞击飞剪剪刃而废钢。如图 22-2 所示。

例如：某班在轧制板坯钢种 SPHC，规格为 3.0mm×1015mm 时，在板卷箱卷取完毕尾部定位时，由于尾部定位角度略微偏高，当铲头开卷时将带钢头部压成弯曲状，头部有轻微的翘头的情况，当带钢头部出板卷箱夹送辊后，头部上翘加剧。在飞剪设定同样剪切量的时候，由于头部翘头的存在飞剪无法正常将头部切齐，头部撞击飞剪的上剪刃，致使头部发生弯曲扎入飞剪与飞剪后辊道间隙中导致此块钢在板卷箱吊废。

图 22-2　板卷箱定尾过高

原因：板卷箱尾部定位偏高。操作人员存在一定的侥幸心理，没有及时地进行手动干预，是造成本次废钢的主要原因。

预防及控制措施：操作人员需加强监控，在使用板卷箱卷取模式时，根据经验给予合理的尾部定位值，发现定位不合适时，不要存在侥幸的心理，及时按开卷保持，手动调整尾部定位后再进行开卷；当发现中间坯出板卷箱后头部上翘严重时，及时加大飞剪的剪切量。

22.4.3 保持针提前或者完全插入滞后

板卷箱在卷取站的正常开卷速度是在 0.6m/s，但有些钢种在精轧机组轧制时速度比较快，会导致板卷箱在开卷站的速度达到 1m/s 左右，在这种情况下，很有可能会出现保持针提前或滞后插入，这样就会导致最后 2~3 圈在夹送辊单元叠尾，导致废钢。如图 22-3 所示。

例如：某班在轧制板坯钢种 M3A27，规格为 5mm×1268mm 时，板卷箱开卷尾部保持针完全插入动作滞后，造成带钢尾部叠尾而触发飞剪紧急剪切，大概 3m 左右的带钢残留

在飞剪前辊道区域，操作工手动剪切，一部
分掉入废料斗坑，但另一部分被辊道带入精
除鳞机里，最终导致 R2 推废一块，回炉
一块。

原因：钢卷在板卷箱卷取过程中的卷径
计算出现了错误即计算出的卷径比实际卷
径大。

预防及控制措施：除了优化板卷箱物料
跟踪滞后外，提高操作人员的预判能力和及
时干预能力。如果操作人员及时发现并手动
插入保持针的话，就可以避免叠尾事故的
发生。

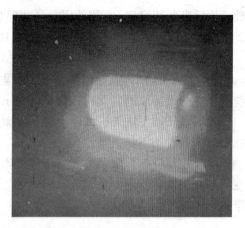

图 22-3　保持针插入滞后

22.4.4　板卷箱卷取失败或者卷取后无法正常开卷

板卷箱卷取和开卷失败，有很多情况和原因，如机械位置不到位，热检信号缺失或占
用等。如图 22-4 所示。

例如：某班在轧制钢种 S610L，规格 4mm×1250mm 时，当板卷箱卷取完成 4 圈左右
后，带钢从弯曲辊飞出起套，操作工拍卷取站快停后点动反转倒至 R2 推废。

原因：所有的 PDA 曲线显示均无明显的异常，虽然弯曲辊的速度有所波动，但速度
的波动是来自于负载的变化，同时弯曲辊速度的波动并不能使卷取成型的头部不再转动。
废钢产生的可能原因是在卷取过程中头部刮蹭到钢卷稳定器或者其他位置，阻碍了头部的
继续旋转，导致后续的中间坯只能从开卷站抛出。

预防及控制措施：板卷箱尽量不选择升速卷取，咬入速度和卷取速度均选择为 3.5m/s；
在卷取时可使钢卷稳定器的头部偏移量和本体偏移量设置一致，防止缩小开口度而使钢卷
刮蹭；控制 R2 出口板形，以确保下一工序顺利完成。

图 22-4　卷取过程中带钢头部与 1 号稳定器刮蹭

22.5　减少板卷箱废钢控制措施及注意事项

（1）正确定期标定板卷箱。板卷箱区域需要标定的设备有 12 个，分别是入口侧导板、

弯曲辊、1号稳定器、1A辊、1B辊、开卷臂大臂、开卷臂小臂、2S辊、2L辊、2号稳定器、位置辊和夹送辊。准确标定板卷箱各机械位置，最大限度减少由于标定值丢失或板卷箱各机械部分不到位而废钢。

（2）精心操作，板卷箱条件不具备要第一时间发现，第一时间做出正确的判断，并及时采取正确的措施。

（3）注意事项。

1）板卷箱不同模式下的位置参数。操作人员要熟记通过和卷取模式下，板卷箱各辊道及各机械部分的位置状态，一旦发生异常状况，及时进行调整，挽救废钢。当板卷箱出现条件不满足的情况，如果该条件可以通过手动干预来满足的话，操作人员可以及时进行相应的手动干预（比如说诊断换面显示 CR2L 辊未能调整到位，那么可以手动调整使其到位），以保证这块钢卷顺利通过板卷箱。当板卷箱卷取塔形比较严重或者中间坯本身具有比较明显的镰刀弯时，有可能会在卷取时钢卷卡在1号钢卷稳定器上，对中后跌落在卷取站和开卷站之间；或者卷取时正常，而开卷时却卡住而无法开卷。这种情况下，操作人员可将1号稳定器的偏移量加大或手动干预，以避免卡住。同时可根据正常值情况，经常进行比对，发现有数值偏移过大的情况，及时停机检查并处理，防止出现废钢。

2）板卷箱的连锁条件。操作人员一定要清楚板卷箱各个机械部分的连锁条件，发现问题时，能第一时间做出准确的分析并采取措施，使条件满足。

3）尾部定位操作。当粗轧过来的中间坯出现鱼尾形状时，卷取时的尾部定位就会比较高，操作人员可以根据实际情况手动调整卷取时的尾部定位；钢卷卷取完毕之后不开卷，一直处于摆动状态，诊断画面 CB Ready for uncoiling 中显示"HMD#4～#6 not occupied"，这种现象说明卷取时尾部定位过长，当开卷臂向下伸出时，将尾部向外拨开过多，导致开卷站热检检测到信号，使系统认为开卷站有钢，因此 CR1#站开始摆动，进而HMD4#闪烁。操作人员可以根据实际情况手动调整卷取时的尾部定位。

4）开卷保持。操作人员如果使用开卷保持功能调整板卷箱，调整完毕之后一定要等待在 F1 卸载 3s 之后再恢复，也就是 F2 卸载之后再按第二次 Uncoiling hold，恢复开卷保持，这样可以保证开卷站中上一块钢的 ID 号得以清除，不会影响该卷钢的开卷，造成摆钢。摆钢和保持功能不能同时使用，必须在取消一种功能之后再使用另一种功能。

5）跟踪复位。由于板卷箱本身有自己独立的 ID 号，无论是在粗轧废钢或者精轧区域废钢，或者模拟轧制后，恢复时一定要及时删除卷取站和开卷站的 ID 号并进行跟踪复位。

6）板卷箱区域快停。合理使用板卷箱区域的快停能够减少处理废钢的时间。当卷取站处于通过模式时，Q～stop coiling/Q～stop uncoiling 均会影响到 RM、FM；仅在卷取进行时，Q～stop coiling 才会影响到卷取站。仅在开卷进行时，Q～stop uncoiling 才会影响到开卷站。RM Q～stop 会影响到卷取站，FM Q～stop 会影响到开卷站。RM：R2 Rolling Q～stop 影响到卷取站，R2 Exit Q～stop 无影响。

22.6　近几年板卷箱的优化措施以及取得的效果

为了减少板卷箱的废钢量及故障停机时间，操作人员、工艺人员以及自动化人员做了大量的工作，取得了很好的效果，废钢次数明显减少。

（1）优化板卷箱基本参数见表22-2。

表 22-2　板卷箱基本参数优化对比

项目	修改前			修改后		
	头部	身部	尾部	头部	身部	尾部
侧导板开口度/mm	120	100	100	60	60	60
1 号稳定器开口度/mm	100	90	100	120	120	120
2 号稳定器开口度/mm	100	100	100	60	45	45
最大卷取速度/m·s⁻¹	5			3.5		
最大开卷速度/m·s⁻¹	2			1		
保持针插入时的卷径/mm	850			920		

（2）板卷箱夹送辊压力降低 20%，有效防止开卷后由于压力过大导致头部飞翘撞击飞剪剪刃或开卷跑偏。

（3）板卷箱开卷条件由原来的 F1 卸载改为飞剪上一块带钢切尾后进行，提高轧制节奏。

（4）加强操作人员权限，可以在必要的时候将板卷箱某个部分设定为不激活状态，挽救当前带钢顺利通过。

（5）按周期全面标定板卷箱，尽量避免板卷箱标定值丢失或出现偏差较大而废钢。

每次检修恢复前，板卷箱区域 12 个设备要进行一次全面标定。日常生产期间，如出现机械异动、液压缸故障、检测元件故障等相关问题，需要结合故障设备按要求进行标定。标定后需要专业签字确认，保证标定的效果。

（6）一系列优化后，板卷箱废钢明显减少。见表 22-3。

表 22-3　板卷箱优化前后废钢次数对比

年份	2008	2009	2010	2011	2012	2013	2014	2015	2016
次数	128	126	31	25	17	15	12	9	7

22.7　结束语

2160 生产线品种规格较多，板卷箱通过模式和卷取模式的切换也较为频繁，而且极限规格、高强难轧规格以及一些品种钢必须使用板卷箱。虽然目前在很大程度上已经优化了板卷箱的使用，但在使用过程中还要精心操作，增强解决和处理故障的能力，才能够最大限度地减少板卷箱废钢，为公司创造出更大的经济效益。

下篇　冷轧带钢生产

23　1420 轧机成品道次乳化液残留

在冷轧板产量日益增加的今天，用户不仅对冷轧带钢产品力学特性的要求不断提高，对产品的表面清洁度也提出了新的要求。乳化液斑是一个长期困扰冷轧产品表面质量的问题，自开工以来虽几经攻关，但一直未取得突破，主要是因为未弄清其产生的原理和机理。为此再次对乳化液斑迹的形成原理进行研究并在此基础上进一步研究其对策。

由于 1420 轧机成品道次轧制时，乳化液残留在带钢表面上，造成乳化液斑，从而影响带钢表面质量，想要杜绝乳化液斑的产生，就要彻底查找乳化液斑的产生原因和解决方法。

23.1　乳化液斑产生的原因及形成的原理

（1）乳化液斑的缺陷特征。带钢表面呈不规则的斑点，像小岛状的灰黑色或黄褐色的大小不等的长条图形。斑迹的轮廓线圆滑，轻微的用手可以擦除。如图 23-1 所示。

图 23-1　乳化液斑

缺陷一般出现在带钢的边部或中部的浪形区，多出现在边部，在焊缝前后板形不良区也较常见。

（2）乳化液斑的产生。由于轧后带钢表面带有的铁粉微粒吸附大量浓缩油，而包住铁粉微粒变成油膜，其中水分形成水蒸气同铁粉微粒发生化学反应生成氧化铁，这样在铁粉微粒间就产生空隙，使水蒸气与添加剂和钢板产生氧化反应，板面氧化部位形成疏松氧化铁层，退火加热时，形成四周封闭的空室区，油气排不出，而进入氧化铁层内形成乳化液斑。

（3）乳化液斑形成的因素。乳化液温度、杂油含量、乳化液的浓度和乳化液吹扫的角度及空气吹扫压力等都是造成带钢表面产生乳化液斑的主要因素。

23.2　乳化液斑的治理

乳化液斑形成原因是带钢表面的乳化液残留物过多，根据冷轧工艺特点，对该缺陷的治理主要是合理控制乳化液各项指标，提高板面清洁性，保证润滑效果。

（1）锈蚀的治理。减少酸洗后带钢表面氧化亚铁的残留量，氧化亚铁是在酸洗过程中带钢表面的氧化铁皮与盐酸发生反应后产生。带钢经酸洗后，在酸洗液中主要包括水，$FeCl_2$、少量的 $FeCl_3$ 和游离盐酸，清理带钢表面残留的氧化亚铁，能从根本上解决锈蚀缺陷。

（2）控制杂油含量。杂油的来源主要是支撑辊油膜轴承密封损坏漏油、机架液压压下和润滑系统的液压油泄漏进入乳化液。油膜轴承油的黏度大，更易于附着在板面上，并含有破乳剂，会破坏乳化液稳定性，液压油不含表面活性剂，所含灰分、残碳要比轧制油高很多。当杂油的侵入达到一定量时，不但使乳化液的稳定性下降，而且会造成润滑不良，产生大量的铁粉，由于杂油的皂化值非常低，在加热时挥发性差，退火后就形成了乳化液斑。要控制杂油含量，一方面尽可能避免油膜轴承和系统漏油；另一方面就是根据杂油含量的多少对系统及时撇油，通常杂油含量在 4%（质量分数）以内时对乳化液斑影响不大，大于 4% 时就要进行适当的撇油。

（3）调整乳化液浓度。根据生产常规规格的压下率，选择合适的浓度实现有效的润滑。若浓度过高，会使板面残油增加，造成清洁性下降。因板面含油量高，在退火时挥发不净，板面易形成乳化液斑。

（4）乳化液温度的影响。乳化液温度的影响着工艺润滑和表面清洁度，要求温度必须严格控制在规定范围内。温度低时乳化液中会繁殖大量细菌，使乳化液逐渐腐败，低的系统温度也不利于轧制油中极压添加剂等成分发挥作用而影响润滑效果。温度高虽然满足了润滑效果，但分子热运动加剧，乳化液颗粒度会逐渐长大，稳定性变差，油品老化过程加快，同时轧制油中的矿物油慢慢分解而形成杂油。乳化液温度控制在 48~52℃。

（5）降低铁粉和灰分含量。根据铁粉和灰分含量，可以衡量乳化液的污染程度。灰分的来源是轧辊的磨损、设备腐蚀生成的金属氧化物和金属盐类等无机物质，以及环境中的灰尘等。而铁粉主要是在轧制过程中，当轧机运行时，在高温高压的轧制变形前滑区，工作辊和带钢之间形成滑动摩擦，产生了大量的铁粉微粒，这些微粒吸附在乳化液内的油滴上，增加表面吸附面积，吸附更多的轧制油及其他碳氢化合物，留存于带钢表面。铁粉的作用引起了油滴的结合，使乳化液颗粒度变大、ESI 下降、轧制油耗增加，使轧后板面的残留物增多。铁粉微粒、灰分可以利用磁过滤装置和系统过滤器的运行来清除。通常乳化液中的铁粉含量控制在 80mg/L 以下，灰分含量要小于 160mg/L。

（6）轧制油的选择。轧制油的主要作用是工艺润滑。如果润滑效果不好，酸洗后表面粗糙度较大的带钢在轧制高温变形区和硬度很高的辊面发生滑动磨损，产生的铁粉微粒迅速增多，造成板面上有大量的铁粉和残油。它们吸附在带钢表面，造成板面残留物升高，退火后乳化液斑明显增加。轧制油的选择非常重要，要充分考虑其抗极压性能是否满足生产设备和工艺的要求，保证润滑性能，减少铁粉的产生，在使用中让乳化液保持低浓度以减少油耗，使轧后板面残油、残铁量最低，具有良好的退火清洁性。同时还要使油品本身具有很好的离水展着性，具有冲走钢板表面铁粉的清洗能力，降低铁粉的含量。

（7）离水展着性的影响。当乳化液的离水展着性好时，乳化液喷到带钢和轧辊表面上，部分油与水会马上分离，油会均匀分布于带钢和辊面，对变形区起到很好的润滑作用。如果对乳化液供给槽进行大量补油和补水，会造成乳化液溶解混合不均匀，浓度和温度发生变化，使离水展着性变差，不但影响润滑，还会使油中含有的水在轧制后无法去除，放置在库区水分开始蒸发，水中含有氧分会发生氧化反应形成乳化液斑。离水展着性的好坏，直接与其相变后的成膜情况、分子层极性及油膜强度密切相关。

（8）其他方面的影响。乳化液喷射量的大小、角度，空气吹扫的压力等都可能造成乳化液滴落到带钢表面，附着在带钢表面。

通过以上的改进措施，带钢表面的乳化液斑迹明显降低，斑迹的面积也有了明显地减少，斑迹的颜色也由最初的灰黑色变成了淡黄色。

23.3 结束语

乳化液斑迹在冷轧生产中是一种较常见的缺陷，此种缺陷的治理在各种轧机上的治理各有差别，特别是在单机可逆式轧机的头尾部乳化液斑迹的缺陷消除更复杂，为此应控制好以下环节：

（1）必须保证板面吹扫效果，特别是防止道次转换时吹扫反弹。

（2）提高酸洗质量，特别是酸洗表面的漂洗要干净。

（3）加强乳化液的使用管理，保证乳化液的润滑效果和洁净度。

（4）加强工艺管理，提高冷轧板形质量。

（5）缩短钢卷的库存周期。

24 1420 轧机乳化液浓度常见质量问题

24.1 轧制油介绍

24.1.1 轧制润滑油概述

现代冷轧板带轧机设备正朝着大型化、高速化和连续化的方向发展，以满足日益不断增长的市场对冷轧板带的数量和质量的要求。生产工艺、设备技术的提高，对冷轧工艺润滑、冷却剂（即轧制油）的要求也越来越高。可以说，冷轧工艺润滑、冷却已成为现代冷轧技术中一个非常重要的课题。轧制油在轧机中的作用如同人体中的血液，非常重要。轧制油的优劣是能否正常发挥轧机生产能力的关键。

早期的轧机或采用植物油如菜籽油、棕榈油，或采用动物油如牛脂，或采用矿物油如锭子油，或采用上述油脂的混合油直接供轧机润滑用，轧制冷却则由另一套冷却水系统完成。采用这种润滑方式的优点是具有良好的润滑性能，但由于润滑油的冷却性能较差，需增加冷却水供应系统及润滑油回收分离系统等，使系统变得复杂，增加了设备投资，又不利于润滑系统的管理。故适用于轧制速度较低的轧机轧制极薄带钢，难轧合金，精密合金及部分重有色金属等。随着现代冷轧技术的进步，越来越多的轧机采用乳化液作工艺润滑、冷却，甚至是新建的轧制 0.10mm 的极薄带轧机。乳化液的发展越来越受人关注。

一种性能优良的乳化液应具备以下特点：（1）较好的润滑性能，可降低辊缝中的摩擦系数，从而降低了轧制压力和轧制能耗，有利于发挥轧机的最大轧制能力，轧制更薄的产品，获得板形更好、尺寸偏差更精的带材。（2）适当的冷却性能，可降低辊缝中带钢与轧辊的温度，有利于提高轧制速度，发挥轧机的最大生产能力，获得更高的经济效益。（3）良好的清洁性，保证退火后的带钢具有光洁的表面，降低产品的次品率。（4）良好的防锈蚀能力，使带钢在轧制后可储存较长时间而无需涂防锈油。又可作为酸洗后的预涂油；并可防止轧制设备受腐蚀而降低使用寿命。（5）其他性能，如稳定性、抗泡性、抵抗杂油性能和控制细菌滋生性能等。

24.1.2 润滑剂轧制油技术

轧制油的功能是在轧辊和带钢的表面形成一个保护膜，通过限制金属与金属之间的接触来减小摩擦系数。水是润滑油的载体，其作用是冷却并带走在轧辊咬入过程中由于摩擦产生的热。因此，轧制乳化液实现了为了满足轧机的速度和带钢的质量等要求必需的功能，既提供了润滑性能，又提供了冷却性能。在金属与金属之间发生接触时，会产生摩擦，如果没有摩擦，就会产生打滑和厚度控制不良等问题。因此，轧制油的目的并不是消除摩擦，而是控制它以满足轧机的要求。轧制油的润滑能力通过对轧机轧制性能的影响表现出来，轧制油的润滑能力是以在轧辊的咬入区内对摩擦系数的影响为基础决定的。

24.1.3　乳化液现场应用控制参数及检测频次

（1）性状指标见表 24-1。

表 24-1　性状指标

工艺参数	控制范围	测试方法	检测频次
乳化液温度/℃	45~60	温度计	1 次/班
浓度/%	1.4~2.0	FLV-RSH-05	1 次/班
pH 值	4.0~7.0	DIN 51369	1 次/班
电导率/$\mu S \cdot cm^{-1}$	<300	DIN EN 27888	1 次/班
皂化值（消耗 KOH）/$mg \cdot g^{-1}$	>150	FLV-RSH-07	2 次/周
铁含量（质量分数）	$<300 \times 10^{-6}$	FLV-RSH-09	2 次/周
酸值（消耗 KOH）/$mg \cdot g^{-1}$	<20	FLV-RSH-06	2 次/周
氯含量（质量分数）	$<50 \times 10^{-6}$	GB 11896—1989	2 次/周

（2）各种性能评定。

1）润滑性的评定。轧制油采用了多种合成酯和润滑添加剂，提供了优异的润滑功能，适用于轧制的各种品种和规格，满足不同变形量、不同速度下的润滑性能，轧出合格的钢板厚度和良好板形，并且能确保轧制时的摩擦系数、轧制力、轧制功率及轧制速度达到轧机设定的目标值。

2）轧制后钢板表面清洁度的评定。在轧机设备正常情况下，轧制后钢板表面附着油分、铁分和反射率见表 24-2。

表 24-2　轧制后钢板表面附着油分、铁分和反射率

评 定 项 目	考 核 值
轧制后板面平均反射率（胶带法）/%	>70
轧制后板面平均残油量（单面）/$mg \cdot m^{-2}$	<250
轧制后板面平均残铁量（单面）/$mg \cdot m^{-2}$	<50

有时轧硬产品直接外卖，部分下游客户的镀锌线清洗能力有限，如果轧硬卷表面残油残铁不容易清除，镀锌后会出现脱锌、漏镀等质量问题，所以要求带钢表能够被民营镀锌线清洗干净。

3）轧制后钢板表面质量的评定。在轧机等设备正常情况下，按正常轧制规程轧出带钢表面不应出现严重打滑、热划伤、油斑、乳化斑和黑斑等缺陷。

4）轧机轧制能力的评定。按正常轧制规程轧制各种规格带钢的小时生产能力要达到设定指标。

5）轧制油使用过程中无刺激性异味，对人体无害。

6）为保证加油准确，轧制油使用中浓度应答性要好，如某厂乳化液系统约 40m³，加入 100L 轧制油浓度提升理论应为 0.25%左右。

7）停产其间，在搅拌器一直开，每 8h 循环 2h，温度保持在 50~60℃的情况下，至少能保证乳化液 15 天不变质，并且在重新开产前，不需要做大量溢流或是底排来调整乳

化液。

8）乳化液配置后循环使用，在不出现大的漏油事故和长时间停机的情况下，一年内不需要清箱重配。

24.2　乳化液打滑、划伤、表面质量分析及控制措施

24.2.1　打滑、划伤控制措施

浓度影响润滑性能、冷却性能和带钢残油量。浓度过高轧机容易出现打滑，不利于冷却。浓度过低达不到润滑效果，容易出现板带划伤、轧机震颤、轧制力高、增加辊耗等问题。1420 轧机安装调试完成后，乳化液厂家建议浓度范围为 2.0%~3.0%，但在此浓度范围，带钢打滑、划伤较严重，经现场调试，乳化液浓度控制在 1.4%~2.0% 之间。如果乳化液的浓度低于所需规范的浓度（1.4%~2.0%）那么在轧制时就有可能造成轧制力过大，会在生产中迫使带钢与轧辊表面润滑度降低，造成轧辊与带钢表面划伤的现象，出现这种情况通常采用加适当的轧制油来提高乳化液的浓度；在正常轧制过程中如果乳化液的浓度高于轧机对轧制品所需的规范浓度那么带钢表面就有可能出现打滑的现象，通常采取加水的办法来降低乳化液的浓度。

24.2.2　带钢表面质量的控制措施

皂化值包括酸值，皂化值在轧制油中具有重要意义，它的高低代表轧制油润滑性能的好坏，皂化值越高，轧制油润滑性能越好，但轧后退火板面清洁性会随之变差。如果乳化液的浓度长期高于轧制所需规范浓度，且通过采取一定的措施后浓度还是过高，那么就有可能是别的油状物体通过乳化液收集槽进入了乳化液箱体，这时应该看看乳化液箱体里乳化液的具体状态，比如表面是否有别的悬浮油或者通过测量乳化液的皂化值来判断其状态，然后通过做溢流或者底排的方法将乳化液液体表面的浮油排放出去。在轧制过程中如果乳化液液体的温度长时间处于过高或过低的状态下有可能造成乳化液液体变质，使油和水混合不均匀产生油水分离的现象，在这种情况下轧制出来的产品很有可能由于润滑和冷却效果不好产生边浪，那么就应该重新配制新的乳化液液体以确保正常生产。

1420 单机架 6 辊 UCM 轧机经搬迁调试后，起初由于乳化液浓度控制过高，带钢划伤较多，造成产品降级较多，遂将乳化液浓度由起初的 2.0%~3.0% 调低到目前的 1.4%~2.0%。目前，产品划伤、轧机打滑现象明显减少，吨钢油耗达到 0.47kg/t，油耗控制较好。

25 1700 冷连轧机启停车厚度超差控制

25.1　引言

高速轧制已经成为现代化冷连轧机生产的一大趋势。然而，轧机在轧制过程中能否发挥出最大能力，产出客户需要的产品，主要取决于轧制工艺参数设定是否合理。

对于冷轧板带来说，良好的板形及精准的厚度是冷轧最重要的两项指标。但是在某些情况下，厚度超差的出现不可避免，最主要的两项就是设备故障停车重启及轧机换辊后重启造成的厚差，由此造成的待处理卷每天都有一至两卷。交由重卷对厚度不符部分进行切除，由此造成了大量的废品，极大地影响了酸轧产出的成材率，也影响了后道工序的作业时间。为此可通过在人为操作方面采取措施对厚差进行控制。

25.2　一冷 1700 冷连轧机组简介

一冷 1700 冷连轧机组采用 5 个机架连续轧制的方式进行生产运行，1~5 号机架为 6 辊 UCM 轧机。1~3 号机架工作辊为镀铬辊，4 号、5 号机架工作辊是普通辊。在 1 号、5 号机架轧机前后装有测厚仪，2~5 机架出口装有激光测速仪，可以进行 AGC 控制。机架间和轧机入口，5 机架出口都配有张力测量辊。第 5 架出口装有板形测量辊，可以同时测量带钢张力和板形。该机组通常采用前 4 个机架完成变形的过程，将板形平坦度的自动控制系统置于轧件厚度最薄的第 5 机架（即成品出口机架）处，第 5 机架仅作为平整机使用，采用毛化辊恒轧制力轧制，以获得较好板形。

25.3　1700 冷连轧机启停车厚度超差形成的原因

25.3.1　轧辊辊径

目前，采用的五机架六辊 UCM 轧机，其 WR 辊径在 385~425mm 之间，IMR 辊径在 440~490mm 之间，换辊时辊径只要在规定的范围之内便可，其使用的先后顺序并无特殊要求，只要保证磨削探伤无问题后即可上线使用。轧辊更换完成后由于辊径的变化需要进行辊缝清零，重新标定轧制线，但辊径的变化，导致单位面积的轧制力发生变化，从而产生厚差，这点无法改变，属于主要因素。

25.3.2　轧辊温度

旧辊在轧制过程中，大量的变形热与摩擦热通过接触传递给轧辊，使轧辊的温度升高，进而形成稳定的热凸度。但是，新上线的轧辊却缺少预热，直接上线使用时轧辊的状态还不稳定。目前对于备辊的预热制度也并不完善，厂区的密闭性不是很好，厂区内受外界温度影响较大，尤其在冬天时，由于轧辊在换辊小车上的长时间放置，致使轧辊的温度会降到 0℃ 左右。在上线后，如果得不到很好的预热，新辊在上线使用时温差急剧变化，导致热凸度的变化，同样对厚差也产生了一定的影响，属于次要因素。

25.3.3　轧辊粗糙度

实际生产中可以发现，每次换辊清零结束后界面显示各机架厚度会有不同程度的增加，换辊的辊数跟机架越多，厚差的波动也就越大，并且每次都是向变厚的方向发展。原因主要是由于摩擦系数的改变造成的，在轧制过程中随着轧辊的消耗，设定的摩擦系数不断降低，轧制力逐渐变小，换辊完成后，轧辊的粗糙度变大，需要更大的轧制力才能控制好厚差，但设定的轧制力没有达到足够克服摩擦力的轧制力，所以厚度计算值显示偏厚，以此显示轧制力的不足，因此换辊起车时需要人工预先压下轧制力，属于主要因素。

25.3.4　测厚仪精度

测厚仪的使用情况为 8h 内必须标定一次，以适时修正标样曲线，减小射线窗异物、电气元件及电离室漂移，以及 X 光机老化等因素造成的测量误差，换辊前由于测厚仪已经使用较长时间，测量值可能出现偏移，重新标定后通过修正标样曲线，使得测量精度得到恢复，测量精度进一步提高，造成了厚度超差，但波动范围较小，属于次要因素。

目前轧机厚差是主要缺陷之一，多数发生在换辊后启车，非正常停车和开辊缝后启车。据 2014 年上半年统计平均每月每班有 18 卷厚度超差卷，造成待处理的平均有 8 卷左右。重卷处理时间较长，对合同兑现率造成了一定的影响。

25.4　1700 冷连轧机启停车厚度超差改善措施

轧机起停车的厚差虽然不可避免，但却可以通过一些行之有效的措施去进一步减少厚差的波动范围以及超差长度，通过以上分析的几点造成起停车厚差的原因，制定措施如下。

（1）换辊卷尽量选择规格变化较小或不变规格的卷，以缩短 FGC 过渡过程中造成的厚度超差。FGC 变量小的卷可以保证剪切穿带后带钢的板形和张力偏差情况迅速趋于平稳，可适当少卷带头，如果 FGC 变量大且不可避免，比如窄变宽，则适当降低剪切速度，待带头板形及偏差趋于稳定后再停车换辊。

（2）换辊尽量选择厚度企标范围较大或级别较低的卷上进行，以留出足够的偏差量。

（3）遇到故障临时停车时，厚料不要打开辊缝，薄料短时间停车也不要打开辊缝，长时间停车时，将机架间轧制力降到 300t 左右，前提是让机架间保持一定的张力。

（4）新辊装入轧机后，开启乳化液系统，通过乳化液的温度对轧辊进行简单的预热，以减少轧辊在使用后温度变化过大从而对厚差产生影响，轧机起车前，可适当增加一些正弯。

（5）换辊起车前，根据钢种、规格以及厚度偏差情况适当增加 3~5 机架轧制力，轧制力增加的多少取决于厚度偏差量、轧制规格、碳含量和换辊数。

通过观察换辊起车后的厚差曲线可以看出，最高点即最厚点出现在换辊起车后 8m 左右的位置，通过距离可以看出是 4 号机架的厚度超差最为严重，生产中发现 4 号机架辊缝的打开与否对厚差有很大的影响，下面是对最为频繁换辊进行压下的总结：

1）换5号WR。由于换辊时只有5号机架的辊缝打开了，前四机架并没有打开辊缝，厚差的波动相对较少，以0.9mm×1250mm（$w(C)$＝0.04%）的规格为例，3～5号轧制力依次压50t、100t、100t左右，厚差基本能控制在±50μm以内，基本满足换辊需求。

2）换3～5号WR及1～5号WR+IMR。由于换辊前后辊缝及粗糙度的变化较大，所需预先压下的轧制力也较大，同样以0.9mm×1250mm（$w(C)$＝0.04%）的规格为例，3～5号轧制力依次压150t、200t、200t左右，厚差基本能控制在±60μm以内，厚差波动明显变小。

3）如果换辊的时机可供选择的话，尽量选择在自己熟悉而且可控性强的钢种与规格上换辊，由于之前已经积累了一定的经验，厚差控制上相对稳妥、可靠一些，厚差控制上也能做得相对好一些。

4）所压轧制力的多少可以根据具体规格进行微调，调整范围在±50t左右，厚差基本都能得到很好的控制，但这还需要不断地总结与采集数据，才能真正摸清楚每个规格和钢种的"脾气"，从而将起车厚差从不可控变为可控，以此让操作工能够更好的做出选择，从而避免厚差的带出品。

实施措施后的效果：

经过大家的共同努力6月份起车厚差范围由原来的165μm减小到了平均60μm，基本完成了预定目标。如图25-1所示。

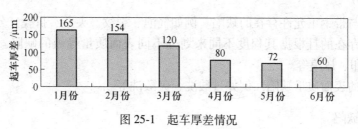

图25-1　起车厚差情况

25.5　结束语

综上所知，造成起车厚差的因素很多，主要是由于摩擦系数及轧制压力引起的，针对主要原因，采取相应的有效措施加以纠正，就可以使厚差得到有效控制，但其中也存在一些不可控的因素，所以需要对起车厚差进行不断的试验与总结，将各个规格钢种之间的起车最优值记录下来，资源共享，才能达到起车厚差最小化的目标，确保每一卷带钢的厚度精度达到最优值，进一步减少起车厚差带来的损失。

26 1700 冷轧带钢缺陷成因分析及处理措施

26.1 引言

1700 酸洗连轧机组已经连续运行 5 年了，调试和后期生产中遇到了很多质量缺陷，严重打乱了生产节奏，产品质量上不去也降低了客户的满意度。质量方面有些是控制不了的，比如强度、硬度和塑性，但有些是我们能控制的，比如宽度、表面和轧制厚度，所以这些方面一定要总结经验教训，提高产品质量。那些无法控制的，发现后及时向热轧工序反应情况，提高热轧卷的质量。并且总结热轧卷缺陷卷生产预案，保证生产线连续运行，产品质量符合要求。

26.2 1700 冷连轧机组带钢表面常见缺陷汇总

26.2.1 表面缺陷

（1）钢板与带钢不允许存在的缺陷。例如气泡、裂纹、夹杂、折叠、分层、结疤等。

（2）允许存在的且根据其程度不同来划分不同表面质量等级的缺陷。例如麻点、划痕、擦伤、辊印、压痕等。

（3）其他的表面质量缺陷。例如过酸洗、欠酸洗等。

26.2.2 板形缺陷

板形缺陷包括镰刀弯、单边浪、双边浪、中间浪、瓢曲、塔形等。

26.2.3 尺寸缺陷

尺寸缺陷包括厚度超差、宽度窄尺、超尺、长度超差等。

26.3 1700 冷连轧机产生质量缺陷的原因

26.3.1 炼钢原因

由于在炼钢过程中，杂质去除的不干净，在浇注时，不同相的晶粒聚集在一起，往往会出现偏析，坯料在冷却过程中，由于炼钢热应力的存在，往往会出现裂纹、气泡及夹杂，这些裂纹、气泡、夹杂在热轧及冷轧过程中，未能将这些缺陷焊合，暴露在冷轧成品的表面。炼钢时成分偏析以及组织偏析、大块夹杂等原因造成并最终在轧制过程中表现为分层。

26.3.2 热轧的原因

（1）在热轧过程中，不能将炼钢浇注过程中的缺陷焊合而继续留给下一道工序。

（2）在热轧过程中出现新的缺陷对边浪、镰刀弯、厚度偏差、凸度不均、内芯卷取不圆、破边等，对冷轧会产生很大的影响。还有轧制时呈黏性流动的金属被再次轧制后镶嵌于板材表面形成折叠，在热轧过程中，高压水除鳞的效果不好，往往会把氧化铁皮压入到带材表面，出现凹坑，这是产生辊印的重要原因。

（3）热轧过程中出现裂纹。在热轧过程中，过大的轧制力，不合理的变形制度致使应力集中产生裂纹，还有在热轧后的热处理过程中，层流冷却过程中冷却水喷洒不均，钢的冷却速度不同，在热应力的作用下产生裂纹。

26.3.3 酸洗的原因

在酸洗的过程中，由于设备的原因，经常会出现过酸洗、欠酸洗、停车斑和划伤等现象，过酸洗表现为基体表面可见清晰的轧制纹路，在冷轧成品中出现波纹或折印等。欠酸洗是带钢表面的氧化铁皮未清理干净，带钢表面黑。在轧制时会出现打滑，导致搓辊，产生辊印。停车斑是酸洗线停车时，由于化学物质黏在钢带表面形成大片斑迹，这会导致轧制时厚度波动，产生辊印甚至断带。

26.3.4 冷轧轧制的原因

轧辊的影响：由于长时间轧制或者黏辊、搓辊等，工作辊表面产生裂纹、掉皮或凸起，在轧制成品中会出现麻点、辊印等。

弯辊力的影响：在轧制过程中，弯辊力加减不及时或者不合理，会导致边浪、中间浪的产生。任何一项轧制参数设定不合理，都会影响产品质量。

26.4 冷轧成品常见缺陷处理措施

26.4.1 常见缺陷

（1）轧辊辊印。在1700酸轧生产中，辊印的产生主要是由于与带钢接触的各个辊子表面存在异物、掉肉、轧辊划伤等缺陷，在生产过程中，辊子的缺陷会对带钢表面造成损伤，从而在带钢表面形成周期性或连续性的印痕。措施：1）更换新工作辊之前，严格检查轧辊表面质量，防止轧辊未磨净、有走刀纹、碰伤。2）确保工艺润滑良好，乳化液温度、浓度以及压力在正常范围，避免欠润滑和过润滑。观察板形防止喷嘴堵塞，避免轧辊局部温度过高。3）轧机内部穿带台和防缠导板的位置是否和轧辊及带钢接触，防止划伤。

（2）转向辊辊印。一般是带钢的上表面有小铁屑，造成带钢上表面有周期为1570mm的辊印。辊印形态描述：带钢上表面有凹坑，下表面是凸出来的小块，颜色发亮，属于硬划伤。产生原因：检修起车后带钢表面还有铁屑的油污黏在转向辊上，轧制停车大于1h后的停车斑时，易出现这种辊印。

排除方法：轧机出口测量出辊印距带钢边部距离后，确认出转向辊辊印部位，轧机停车，芯轴卸张，芯轴稍微倒转一点，让带钢松弛。并派一人上去检查转向辊相应部位铁屑情况，清除后，芯轴建张，轧机起车。平时预防措施：检修起车后，轧完停车斑，轧机停车，利用换辊时间或者专门停车，擦一下转向辊，防止铁屑黏在辊上。平时正常生产时，在轧高级卷前，如有换辊计划，擦一下转向辊。

（3）夹送辊辊印。辊印周期通常为 753mm，缺陷一般是带钢下表面有点状硌痕，呈短线状亮印或通条亮印。

判断方法：测量辊印周期为 750mm 左右，带钢开完 20m 后，如下辊印消失，则为下夹送辊辊印；一直有就是 5 号机架出口张力计辊造成的辊印。如是上表面可能是上夹送辊或者 5 号机架出口坝辊造成的辊印。

夹送辊辊印处理方法：下辊打开后，用油石沾点油去打磨。5 号机架出口张力计辊辊印的处理方法：轧机停车后，测厚仪离线，测厚仪保护架手动拆除。出口联动，向后倒带，在 5 号机架出口起个套，在张力计辊的对应位置上检查，并用工具擦拭这个部位。

（4）板形仪辊印。

周期通常为 982mm，呈周期性辊印。

处理方法：轧机停车后，在穿带台下面检查板形仪辊。

（5）5 号机架辊印。

带钢表面有点状突出或米粒状凹进去的周期性辊印，有通条亮印和间断性、周期性亮印。遇到多条周期性辊印时找准一个位置点，量出辊印的周期。有时遇到周期和 4 号机架周期相近的辊印时，用手摸着有轻微手感，缺陷表面和其他表面一样，或者油石打磨后辊印部位是凸出来的，有亮点，则为 5 号机架的辊印。缺陷表面摸着无手感，有点发亮，像是小凸起压平后的感觉，经油石打磨后辊印消失，则为 4 号机架的辊印。

26.4.2　带钢质量保证措施

（1）明显缺陷控制方法。正常生产时带头出了 5 号机架，主操在摄像头里观察带钢板形和表面质量，如果发现带钢中部或边部有轧裂、褶皱现象时，可判断为已经伤辊，轧机停车，抽辊检查。

（2）薄料、软钢原料板轧机起车时，发现带钢板形极差有严重单边浪，有跑偏、轧褶时，轧机立即停车。起车过程中调节哪个机架的水平，在下次起车前要将其恢复过来。

（3）带钢有通条亮印，不能确认是哪个机架的辊印时，一定要抽全套辊检查，有50% 的概率是中间辊伤辊。

（4）5 号机架备辊。工作辊的塑料布一定要手撕，轧辊检查发现轧辊有磕碰、走刀纹时，一定要换辊。I 号、2 号、3 号机架备辊时，如轧辊上有很轻微凹状缺陷，或有轻微的色差可以使用，一般不会作用在带钢上。支撑辊上直径 1cm 以内不深的凹坑一般都没事。

（5）轧机高速断带后，检查防缠导板上是否黏有废钢，换完辊后检查穿带台是否与轧辊剐蹭。带钢下线上检查台检查，如发现带钢下表面有非常明亮的通条明显亮印时，造成原因就是穿带台伤辊，划伤下辊。如上表面有通条亮印，可能是防缠导板头部有异物，划伤轧辊。

（6）距带钢边部 30mm 处如有色差的话，一般是去毛刺机蹭伤带钢。让出口把去毛刺机打开试生产几卷看看，同时轧机进行审辊。如果带钢表面某部位有轻微通条亮印和拉矫机辊对应不上，同批次的热轧卷号上都有色差时，很有可能是热轧带来的。

（7）带钢下表面存在周期为 8m 的辊印时，一般可判断是轧机前边直径为 1.2m 的转向辊或者张力辊造成的。

（8）生产小粗糙度的外卖卷，刚换完辊时，辊面粗糙度可能大，此时要先稍微降低一些轧制力，约降 0~100t 左右，随着轧制长度的增加，辊面粗糙度变小，符合生产要求，再增加轧制力。带钢上检查台开卷时，如带钢上表面有点状划伤，则手动增加轧制力 50~100t，轧制力增加到 200t 后，如还有划伤，则必须换辊。

（9）拉矫机使用到后期时一定要关注工作辊磨损情况，窄跳宽后如果带钢上有严重辊印，及时换辊。

（10）轧机打滑后立即停车，防止振动越演越烈造成高速断带，同时检查带钢表面有没有振动纹，轧辊是否损伤。把振动造成的厚差一定要在三级标记清楚，防止下道生产线生产时跑偏。

26.5　结束语

随着品种开发增加，高级别表面质量要求越来越多，生产中一定要能够准确地判断出缺陷出现的原因和位置，准确有效地组织处理。有的缺陷不可预测，有的缺陷成因只要经验多点，就可以提前想到处理掉。酸轧线生产的钢卷供连退、镀锌、罩退、外卖，冷硬卷的质量至关重要。希望通过本案例的讲解，能够在以后的生产中起到作用。

27　1700 酸轧拉矫机焊缝断带的处理及预防

27.1　引言

　　拉矫机位于入口，是酸槽酸洗前对带钢拉伸弯矫、破碎铁锈的设备，是整条线除轧机外唯一有大张力的设备，工作时会在一定张力下对带钢弯矫拉伸，焊缝是两卷钢的连接点，焊缝的质量直接影响受力情况，焊缝不好，会直接导致拉矫机断带。拉矫机断带会造成长时间的全线停机，导致产能下降，增加工人劳动量等后果。

27.2　拉矫机焊缝断带的原因分析

　　焊缝在拉矫机断带的原因，归结起来，主要是以下两方面造成的。

　　（1）焊缝质量不过关。目前，1700 酸轧焊缝由 TMICE 激光焊机焊接完成，焊机出现故障，会直接导致焊缝焊接不好。焊机故障又分为设备故障和技术故障，设备故障指焊机设备出现问题，例如工作头保护气体压力异常，会导致焊缝气泡增多，造成焊接质量下降。焊机的技术故障包括 X 轴、激光功率、GAP 值、焊接速度等等一系列参数的调整。这些参数有一项不正常或不合理，就会导致焊缝不结实。进而造成焊缝成为整条带钢里最脆弱的地方，而 1700 酸轧拉矫机过焊缝大部分采用恒延伸率模式，所以造成断带。

　　（2）拉矫机本身出现问题。拉矫机工作辊会在使用过程中出现磨损，尤其在被带钢边部经常摩擦的位置，严重的会变成哑铃型，这样的工作辊在大张力情况下过焊缝时极易因受力不均而造成断带。另外，拉矫机也会因张力设置不合理或模式选择不合理而造成断带。

27.3　拉矫机焊缝断带的处理

　　正常生产过程中，入口报警 "#1LOOPER STRIP BREAKAGE"，则很有可能是拉矫机断带。发现焊缝在拉矫机辊内断带后，先观察带头弯曲情况再观察带尾位置。若带头在拉矫机里边，并且弯曲变形，先将拉矫辊上下辊抽出，将带头弯曲部分割下，并用气割处理带头。

　　处理完毕，将引带穿入带头。宽引带与带头连接方法：用气割将带头割成圆弧状，在其头部大约 1/3 处割两个圆孔，如图 27-1 所示。

　　要求圆弧外边与圆孔要打磨光滑无毛刺，并在两个圆孔处各加一个垫片。然后用钢丝绳穿过圆孔，并通过锁扣将引带与带头连接，尽量将连接处做薄，方便酸洗段的穿带。

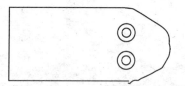

图 27-1　圆弧状带头

　　此时将引带的另一端穿入拉矫机，并用天车吊住，向前单点 2 号张力辊，并上升天车钩子带动带头穿过拉矫机。带尾的处理方法与带头一致，最后将头尾都点到拉矫机出口汇合并多出 20cm 重叠。此时带尾已甩出 3 号张力辊 1 号辊，然后组织气割处理带头并进行带头尾上下表面焊接。

　　上下表面焊接好后开始用角磨机处理焊缝，处理完毕后轧机起车，起车后要有专人监视手动焊接处的运行情况，焊缝如有断裂现象要停车及时处理。当焊缝到达轧机入口时，用事故剪将手动焊接处切除，然后轧机穿带准备正常起车。

27.3.1 处理焊缝断带中常遇到的问题

（1）出事后慌乱，分工不明确。多人指挥，准备工具的工作没有条理，非常浪费时间。

（2）拉矫机不抽辊或只抽下辊，不利于带头穿过拉矫机。

（3）有的班组处理带尾时会把带尾拉到过了3号张力辊处理，再把带头点到3号张力辊后边与带尾汇合。实际上带尾点过3号张力辊简单，而带头却无法穿入3号张力辊的4号辊（由于前面引带拉力只到3号辊，4号辊为从动辊，本身不提供张力），最后只能通过天车拉、人拽的方式，极为浪费时间。

27.3.2 对遇到的问题的处理建议

（1）不要慌乱，分工明确，安全第一，统一一人指挥。第一人主要应通知维检准备焊机气割，自动化到位准备强制2号、3号张力辊。并通知各相关人到场。第二人准备20m引带、撬棍、吊带、手套、电剪子线轴等工具。第三人在拉矫机观察情况，配合协调尽早打开局面。

（2）将拉矫辊上下辊抽出，方便带头容易地穿过拉矫机。

（3）带尾一定要点回3号张力辊至拉矫机出口处与带头汇合，处理用本案例所述方法进行。可节省30~60min。

（4）建议2号、3号张力辊可实现单辊点动功能，可节省很多与自动化沟通的时间。

27.4 拉矫机焊缝断带的预防

要避免焊缝在拉矫机断带，最重要的是要从焊机入手，只有焊缝质量过关了，拉矫机断带的几率才会降低。要提高焊机的操作技能。为此，总结如下规律。

（1）断带容易在焊缝驱动侧先裂开的原因：焊机从工作侧焊向驱动侧，在焊接过程中，会有预碾压辊等产生的应力导致驱动侧 GAP 值变大，导致焊接不好。

（2）焊缝下表面焊接不好有气泡的原因：下表面保护气体 HE 压力值偏低，会导致焊缝有烧糊样状态。

（3）厚料焊缝易断带的原因：厚规格钢卷在焊机剪切时不易控制，焊接质量会受剪刀状况、x 轴、GAP 值等的影响变大，并且厚料焊缝在拉矫机受的张力也大。

掌握了以上规律，在判断焊缝质量时就能做到有的放矢，焊机出现问题时，也能迅速判断其位置。

另外，拉矫机辊的磨损也应该重视起来，定期检查辊子的磨损状态，发现磨损严重，及时更换。提高辊子包含的技术含量，例如某厂使用的采用纳米技术改造的工作辊，大大提高了抗磨损能力，以前只能用2万~3万吨的辊子，现在提高到了15万吨。这也从侧面避免了拉矫机的断带。

27.5 结束语

现阶段采取的一些措施都取得了较好的效果，但是拉矫机焊缝断带是一个长期的问题，需要不断地研究与探索，从而更好、更彻底地解决焊缝在拉矫机断带的问题。

28　1750 单机架轧机常见产品缺陷产生原因及处理方法

28.1　1750 达涅利轧机简介

1750 达涅利 6H3C（6-Hight Cross Crown Control Mill）轧机是 2002 年从意大利 DANIELI（达涅利）公司引进的一台现代化六辊可逆式冷轧机，产品定位主要为建筑用冷轧板，设计年产量 35 万吨。是目前世界上第一台采用中间辊交叉设计思想的轧机，拥有工作辊正负弯辊、中间辊正负弯辊、长距离工作辊横移以及中间辊交叉、乳化液分段冷却等板形控制手段。其中，中间辊交叉装置是 6H3C 轧机的特色控制装置，即通过中间辊的交叉改变中间辊与工作辊、中间辊与支承辊间的接触状态，相当于中间辊形成抛物线形等效凸度，与工作辊弯辊和中间辊弯辊相配合来提高带钢平直度的控制范围。目前该机组除了中间辊交叉功能未投入使用外，其他功能基本上达到设计要求。

28.2　常见产品缺陷产生原因及处理方法

28.2.1　断带

断带如图 28-1 所示，其产生原因有：

（1）原料质量不好（边裂、重皮、板形不良、厚度超差等）。

（2）机组张力不稳。

（3）设备事故。

处理方法：

（1）断带时操作工应立即按下快停按钮，必要时可以按紧急停车按钮，并关闭乳化液，抬起压下，打开弯辊。

（2）利用开卷机、出/入口卷取机将轧裂的带钢从轧机内拉出。

（3）利用出口液压剪或手动电动剪、气焊处理断带的不良部分。

（4）更换可能损伤的工作辊和中间辊。

（5）根据断带位置和带钢质量情况，在数据未丢失的情况下，可进行下一道次的轧制。如果两端的钢卷均可以生产，再上另一端的钢卷进行生产。

28.2.2　塔形

塔形的产生原因有：

（1）原料缺陷造成（宽度波动、镰刀弯、错边等）。

（2）张力波动。

（3）对中装置故障。

断带轧裂时的带钢

断带后的轧辊

图 28-1   断带

处理方法：

将原料缺陷部分切除，重新进行卷取。

28.2.3   带钢表面辊印

带钢表面辊印如图 28-2 所示，其产生原因有：

（1）工作辊表面有划伤或由于黏辊/硌辊/勒辊等造成。

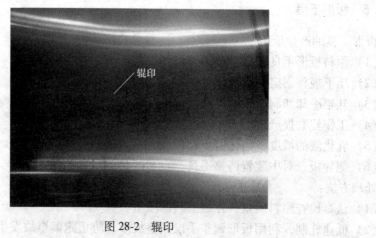

辊印

图 28-2   辊印

（2）工作辊表面产生裂纹/掉皮或软点。

处理方法：

（1）换辊前仔细检查轧辊表面状况。

（2）每次换辊时应检查支承辊表面损伤情况。

（3）按质量标准认真检查带钢表面质量，发现异常及时处理。

（4）不能达到质量要求的应及时停车换辊。

28.2.4　乳化液油斑

乳化液油斑如图 28-3 所示，其产生原因有：

（1）压缩空气吹扫不良（吹扫角度不对、喷嘴堵塞等）。

（2）乳化液中的杂油含量高，系统的撇油量不够等。

处理方法：

（1）要经常检查压缩空气喷嘴状况和压缩空气的压力。

（2）严格执行乳化液系统的管理制度。

（3）防止杂油（液压油/油脂等）进入乳化液系统。

图 28-3　乳化液油斑

28.2.5　板形不良

板形不良的产生原因：

（1）原料板形不良严重。

（2）压下规程制定不合理。

（3）轧辊冷却和润滑喷射量和设定不合理。

（4）工作辊磨损严重。

（5）乳化液的浓度、皂化值不合理。

（6）侧导板、对中装置调整不良。

处理方法：

（1）认真检查原料质量，控制上料的质量。

（2）低速轧制，利用板形调整手段调整板形，防止跑偏事故发生。

　　（3）调整乳化液的参数，调节加油加水量，控制乳化液状态。

　　（4）调整压下量，适当加大张力。

28.2.6　热划伤

　　热划伤的产生原因有：

　　（1）乳化液润滑性能不足，乳化液温度过低。

　　（2）乳化液的喷射量少导致局部磨损。

　　（3）工作辊局部过热磨损（乳化液喷嘴堵塞，局部的硬度不良）。

　　处理方法：

　　（1）调整乳化液浓度及温度。

　　（2）加大乳化液的喷射量。

　　（3）经常检查工作辊的冷却喷嘴是否完好，角度是否正确，是否堵塞。

28.3　操作技巧及需要注意的问题

　　主操正常轧制时，需要注意以下几个方面：

　　（1）轧制表设定要合理，如压下量、张力、弯辊等。各个道次的压下量尽量平均分配，但是轧制 0.4mm 以下厚度的料时，成品道次压下率设置得要比前几道次大些，控制在 30% 左右，压下量设置得过小，轧制过程中，很容易出现边浪，板形不理想，不好控制，通过多方尝试总结，发现成品道次的压下量控制在 30% 左右，板形比较理想。

　　（2）前几道次轧制时，因板带较厚，采用前张力大于后张力，后几道次轧制，由于板带较薄，采用后张力大于前张力轧制，不易拉断和跑偏。

　　（3）中间道次的压下率尽量一致，保证轧制过程的稳定，并采用最大速度轧制。轧制过程中，奇道次，根据板形仪显示的板形进行调节弯辊，偶道次，因没有板形仪，所以工作辊弯辊和中间辊弯辊要比奇道次增加 100bar（1bar = 100kPa）左右，稍微有点中间浪，可以从监控器，根据实际板形，进行调节。

　　（4）速度控制。每道次轧制时，起速不要太快，一般控制在 30m/min 以下，低速轧制可以有效地调节板形，防止带钢跑偏，出现勒辊轧裂。第一道次轧制时，一般是手动点动带钢一段距离，观察张力偏差数值的变化，待数值稳定后，一般控制在 -10 ~ +10 之间，再进行起速度轧制；第二道次，方法同上；板形稳定后，进行升速，直至到设定速度，甩尾操作时，提前把工作辊弯辊和中间辊弯辊增加 50bar，进行降速度时，同时增加弯辊、控制倾斜来调节板形，观察轧制力、厚度变化，轧制力增加到 12000kN 以上，可进行停车，以免轧制力过大，导致勒辊。

　　（5）轧制有缺陷的钢卷时，轧到缺陷处，要进行提前降速，根据缺陷程度，一般速度控制在 200 ~ 300m/min，缺陷处，低速轧制完后，再进行升速轧制。

29　1750 轧机如何避免勒辊

29.1　勒辊事故的危害

1750 轧机是单机架可逆式轧机，在生产过程中，勒辊、轧裂可以说是比较常见的事故。

一次勒辊，就必须更换工作辊。轧裂就必须更换中间辊，更严重的轧裂断带甚至可能影响到支撑辊的更换。

第一，更换工作辊需要消耗时间。一次更换工作辊的时间是 30min，这 30min 可以生产一个 0.75mm 厚度、19~24t 的钢卷。

第二，在轧辊未到产的情况下更换，勒辊的同时增加轧辊的磨削量，增加辊耗。

第三，勒辊需要切除带钢，降低成材率。

从以上三方面考虑，勒辊、轧裂，如果经常发生此类事故，那对生产效率、成材率和辊耗都有相当大的损失。

29.2　避免勒辊事故的方法

（1）认真检查原料钢卷质量，及时与主操沟通，主操及时掌握原料质量缺陷情况。

1）操作工要认真检查酸洗钢卷质量。尤其重点检查边部豁口，大边浪，严重错边以及镰刀弯。并及时通知主操。

①边部豁口的钢卷可能在大张力的情况下造成拉断，从而使钢卷失去张力跑偏，造成勒辊。

②大边浪的钢卷，在起速的过程中，如果速度过快，可能倾斜调节不过来，使得轧制力偏差加大，从而造成勒辊。

③严重错边的钢卷生产起来要适当降速，速度过快的情况下，同样是倾斜调节不过来，使得轧制力偏差加大，带钢跑偏，造成勒辊。

2）最容易勒辊的原料是镰刀弯。特别是大的镰刀弯，更不容易调节，所以在起速的过程中，必须速度很低，这样才有时间去通过张力偏差调节倾斜。

（2）若上述方法仍调节不过来可采取以下方法。

1）及时停车，把跑偏的部分切除，从新穿带进行轧制。切一个小的跑偏的带头，比继续轧制勒辊要划算，这样只是损失一些成材率，但是不损失生产时间，不损失辊耗。

2）在 6 号台和 2 号台的穿带配合过程中，把带钢尽可能的穿正。这样也会大幅度降低勒辊的可能。穿带很正的情况下，主操起速时，钢卷是正的，减少了带钢跑偏勒辊的几率。

3）主操工第一道次起速前，尽可能地稍微点动一下带钢。这是一个积累经验的过程，一般 1m 以内就可以判断出钢卷是否跑偏，通过张力偏差变化，去调节倾斜值，张力偏差变化幅度大，倾斜值也适当的大幅度调节，张力偏差变化小，倾斜值可以轻微调节。

①如果在点动的过程中，张力偏差变化幅度向负无极或者正无极方向变化较大，这样就不能通过倾斜值调节了，带钢已经跑偏了。这个时候不能再往前点动带钢了，需要撤张力，打开辊缝，然后再点动带钢观察辊缝部位是否褶皱，如果辊缝部位没事，辊缝后边的带钢轻微变形，那么就成功的避免了一次勒辊的发生。这个时候就把跑偏的这部分钢卷切除，然后从新穿带进行轧制。

②在点动的过程中，张力偏差变化如果向 0 变化，那么再点动再观察，比如−35kN 的张力偏差到 0 的过程中，是不会勒辊的，但是−35kN 到 0 然后再到+15kN 这个时候再继续的话就可能勒辊。这种情况下就需要打开辊缝把跑偏的带钢进行切除，重新穿带了。这样的带钢头部就是相当大的镰刀弯，也就是最容易造成勒辊的原料带钢，就需要提高警惕了。所以不冒险的做法就是打开辊缝切除跑偏部位，重新穿带，进行轧制。

③注意第一道次轧制起速前要点动带钢，就是为了通过出入口张力偏差变化来判断带钢是否跑偏。出入口张力偏差是 0 的情况下带钢绝对是正的，也就不会勒辊。但在生产过程中，第一道次穿带结束，压辊缝建张力以后，出入口的张力偏差不会是 0。所以就需要通过点动来观察张力偏差变化，通过张力偏差变化来调节倾斜，通过倾斜来调节轧制力偏差的变化。正常轧制力偏差的范围是±500kN 以内。

在轧制过程中，轧制力偏差稳定在±500kN，张力偏差在±6kN 以内，倾斜值比较大时，也比较稳定，不会造成勒辊。

（3）板形控制和参数调节。因为 1750 轧机是只有出口一个板形仪，所以在偶道次轧制的时候就没有板形可以参考，只能参考奇道次的板形的弯辊力、轧制力和张力偏差等数据来进行轧制。所以偶道次一般采取比奇道次弯辊力大 50~100kN 来进行控制，参照入口出口张力偏差变化调节到稳定状态。

一个板形仪的好处就是可以通过数据和板形来调节倾斜和弯辊，控制板形和轧制力偏差和张力偏差，使其达到稳定状态进行轧制。可以说张力偏差稳定，轧制力偏差变化幅度在范围内，弯辊力和轧制力匹配，就不会造成勒辊。

所以在轧制过程中，注意力必须集中，精心操作，反应要快，停车要及时。尤其第一道次起速前点动带钢观察跑偏，尤为重要，可以很大程度避免勒辊事故的发生。

29.3　结束语

（1）要了解原料钢卷缺陷，在轧制前了然于胸，能够应对不同缺陷的原料钢卷。

（2）穿带搞好协同配合，尽可能地把带钢穿正。减小带钢跑偏的几率。

（3）在轧制第一道次起速前，适当的点动带钢，观察张力偏差变化，进行倾斜调节，调节不过来及时撤张力，打开辊缝，切除跑偏带钢。

（4）操作时必须注意力集中，反应快速，及时停车。

（5）积累经验，提高操作水平。总结可能造成勒辊的原料和不当操作，避免误操作。

每减少一次勒辊次数，就可以多生产出 20t 左右的钢卷。这样可以提高生产效率。

减少勒辊就不用过多地切除带钢，保证成材率。减少勒辊就减少轧辊的磨削量，保证辊耗。

在生产过程中，作为操作工，要严格要求自己，提高自己的操作水平，积累经验。从操作的角度去尽可能地避免勒辊事故的发生。

避免勒辊就是要在带钢跑偏的时候及时停车，及时做出反应，及时地进行切除，这样就能很好地避免勒辊事故的发生。

按照这种方法操作，已经半年没有勒辊事故发生，提高了生产效率，提高了成材率，降低了辊耗。从操作角度，保证了生产的顺稳。

30　2230 酸轧板形控制

30.1　引言

酸轧机组由德国西马克公司负责总设计，TMEIC-GE 负责电气部分，全线配置了世界上最先进的设备，主要包括米巴赫激光焊机、浅槽紊流酸洗技术、CVC6 辊五机架连轧机、卡伦赛卷取机。产品包括低碳钢和高强钢等各钢种系列，产品厚度范围 0.4~2.5mm，宽度 870~2080mm，最高轧制速度 1400m/min，产量 222.115 万吨，最大轧制力为 33000kN。

30.2　冷轧带钢板形概述

30.2.1　板形定义

板形是带钢平直度的简称。板形的好坏是指带钢横向各部位产生波浪或折皱的大小，它决定于延伸率沿宽度方向是否相等。如果轧制时金属的变形不均匀，两边的延伸大于中部则产生对称的双边浪形，如果中部延伸大于边部则产生对称的中间浪形，如果两边的压下量不相等，一边的延伸大于另一边，则产生单边浪形或镰刀弯。实际生产中常见的板形缺陷，如图 30-1 所示，包括单侧边浪、双侧边浪、中浪、复合浪等几种，在这几种板形缺陷中产生复合浪的原因最复杂。

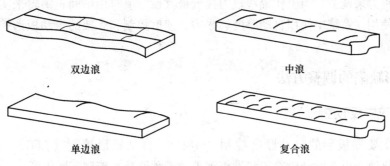

双边浪　　　　　　　　　　　　　中浪

单边浪　　　　　　　　　　　　复合浪

图 30-1　板形缺陷

30.2.2　板形缺陷的成因

造成板形缺陷的因素有以下几个方面：

（1）轧制力的变化。轧辊受到两侧压下液压缸的作用力和中部带钢反作用力的共同作用，而发生弯曲，轧制力越大，轧辊在轧制力的作用下所产生的挠度就越大，轧出带钢的凸度也就越大，所以轧制力也会随凸度的变化产生变化。

（2）来料板凸度的变化。冷轧带钢板形好坏和来料的板形有很大关系，来料的厚度不均匀、板凸度不好不但影响成品板形而且会出工艺事故。

（3）原始轧辊的凸度。在轧制过程中轧制力和轧制中的变形热可以改变轧辊的凸度，合理的原始凸度可以保证良好的板形。

（4）板宽度。轧制中随着板宽度的增加，轧制力增大板形不容易控制。

（5）张力。冷轧的一大特点就是采用大张力轧制，张力对于保证良好的板形起到非常重要的作用，同时张力还可以避免带钢跑偏，减小轧制力降低电机负荷。

（6）轧辊接触状态。辊系间的接触状态直接影响到辊缝的形状，从而影响产品精度和板形。

（7）轧辊热凸度的变化。对于冷轧板带钢来说，带钢在轧制中产生的变形热与摩擦热是轧辊受热的主要热源，轧辊中间的温度高于两侧，轧辊受热膨胀后，中部膨胀较大，形成了轧辊的热凸度，轧辊凸度的改变直接影响到辊缝的形状。

（8）辊形的磨损。轧辊在使用过程中同带钢接触产生摩擦造成轧辊磨损，从而破坏了辊缝形状。

30.3　2230 板形调控方式

2230 酸轧机组采用 6 辊 CVC 轧机，可以通过中间辊的轴向横移得到最佳的辊缝形状。CVC 窜辊系统在轧制过程中，根据来自二级机的指令而自动动作，或者在换辊期间，根据来自主控室操作工的命令而动作。当轧辊在轧机内到达最终的指定位置后，中间辊窜辊系统将自动锁住中间辊轴承座。轧制过程中，在承受额定载荷和速度的时候，中间辊可以根据指令横移。工作辊 1～4 架使用凸度为 0.075mm 的辊型，5 架使用毛辊辊型为平辊，弯辊可以实现正负弯，支撑辊使用 CVC 补偿辊型。在生产中利用中间辊和工作辊凸度的变化改变辊缝形状，为了保持辊缝形状在轧辊磨损和出现板形缺陷时，利用中间辊和工作辊弯辊正负弯辊力来调节。当工作辊弯辊力接近最大设定值时用中间辊窜辊来实现，以免对设备的过度使用。系统中使用自动厚度、张力、速度控制和 5 架的自动板形控制，达到控制板形的目的。

30.4　板形缺陷的调整方法

30.4.1　系统中板形控制原理

生产中主要靠板形的自动厚度控制（AGC）、自动板形控制（AFC）、动态变规格（FGC）、乳化液 5 机架的分段冷却和操作工手动干预调整来控制实际板形。

轧机各机架压下量的分配，对于板形的影响非常重要，要遵循板凸度一定的原则，前几道受到咬入条件的限制，为了使来料得以均整使轧制过程稳定，第一道次压下率不宜过大，但也不应过小，中间各道次的压下分配，基本上可从充分发挥轧机能力出发，或按经验资料确定各机架压下量。其中最后的 4 和 5 机架是板形控制的关键。

板形缺陷还和张力设定有关，通过设定张力可以有效地减小轧制力，同时增大张力可以轧更薄的轧件并可有效地改善板形。5 机架的压下率特别小，一般是在 2% 左右，这样造成 4 机架的速度和 5 机架的几乎一致。会导致 4—5 机架很难建立较高的张力。由于 3—4、4—5 机架的张力都是依靠 4 机架的速度和辊缝来调节的，这样会造成 4 机架的负荷很重。所以应该增大 3—4、4—5 的张力，增加 5 机架的压下率来减小 4 机架的轧制力改善板形。

分段冷却的使用在 5 机架的作用不容忽视，5 机架的点冷控制属于调温控制，它是对轧辊某些部分进行冷却，改变辊温的分布，以达到控制辊形的目的。热源一般就是依靠金属本身的热量和变形热，这是不容易控制的。由于轧辊本身热容量大，升温和降温都需要较长的过渡时间，所以改变板形缺陷的时间长，而急冷急热又极易损坏轧辊。所以点冷控制只能作为弯辊控制或其他控制板形方法的辅助手段，当板形出现局部高点、不对称浪形时，点冷控制能够起到一定的作用。特别是生产薄规格的时候，如果能提前把温度降低一些，对板形控制的帮助特别大。

一架轧机板形的好坏对下游几架轧机的板形起着很重要的作用。2230 酸轧生产线一架前有测厚仪，出口有测厚仪和测速仪，它们形成前馈和反馈，同时 7 号张力辊与 1 架轧机之间使用恒定张力，它们对 1 架出口带钢的控制比较精确，所以要利用这个条件对 1 架出口带钢的板形进行很好地控制。在控制系统中 5 架使用恒定轧制力，轧制力是由板宽×系数（二级系统中给定）得出轧制力。通过改变系数可以增加或减小 5 架的轧制力，系统会根据 5 架轧制力对其他各架次轧制力重新分配。张力控制时 4 架以速度控制为主，用速度控制 4—5 间的张力，其他架次使用辊缝控制张力。

由于热轧来料的板形与厚度偏差不均匀，甚至呈现浪形、瓢曲、镰刀弯，轧制过程中很容易出现跑偏，一旦跑偏就可能会导致带钢撕扯、折叠和断带等事故，所以在轧制过程中必须保证带钢运动方向是一条直线，当运动方向偏离中心线的时候就会出现两侧张力偏差，这个时候利用上游机架的倾斜控制使带钢回到中心线。

30.4.2　生产中各种浪形具体调整方法

在实际生产时会出现系统调节达不到所需要板形的情况，这时就需要人工干预调整，人工调整并不是纯粹靠人操作设备，而是通过人工把系统中某些自动功能改为手动，再通过把人工改动的数值加到系统中，使系统再计算后改变板形。调整包括各机架的弯辊、窜辊、倾斜、张力。在这几种方式中调整各机架的弯辊力、中间辊窜辊、倾斜是最常用的，而调整工作辊的弯辊力又是最快的。但很多情况下是要几种方式组合在一起使用的。

（1）单边浪的调整。单边浪多出现在轧薄料时带钢的头、尾。产生的原因一般是原料的头、尾两侧厚度不均匀（楔形）造成的。生产中的现象是切边剪跑边，轧机入口的张力的波动和出口出现单边浪。显示 OS 侧的延伸小，DS 侧的延伸大。通过查看各机架的张力偏差发现 2 架入口带钢张力偏差大。调整时可以改变板形曲线，使 OS 侧抬高 DS 侧降低，利用板形曲线控制整体板形，然后手动调节 1 架倾斜，把 2 机架入口的张力偏差调节到相等后，再看其他机架的偏差，如果偏差不大可以不调节，观察板形仪的板形反馈，如果有明显改善手动调节 5 机架的倾斜度。

（2）中浪的调整。1~4 机架工作辊带有凸度（0.075mm），所以带钢中部辊缝最小产生中浪。在调整时要看轧制表中中间辊窜辊（凸度范围为 -0.3~0.8mm）的位置，如果是在两侧可以减少工作辊的弯辊力，如果是在靠近中间的位置应首先减小中间辊的弯辊力，通过工作辊和中间辊的最大凸度对比可看出中间辊的凸度大于工作辊，如果减小工作辊弯辊力效果会不明显，所以在这种情况下减小中间辊的弯辊力效果会更明显。在使用工作辊和中间辊弯辊时，可以使用不对称弯辊力也就是一个使用正弯一个使用负弯，轧辊直径不同弯辊力作用到带钢部位上的力不同，辊径小弯辊力不容易传到中间，辊径与辊身长度之比等于 3.5 时弯辊效果最差，工作辊在增加或减小弯辊力时，并不能使弯辊力完全作用到轧辊中间，它受到中间辊最大凸度的影响，当中间辊窜辊在两侧和 1/4 的位置时，工作辊的辊形是成 W 形状，中间辊窜辊在中间的位置时工作辊的辊形是成 M 形状。所以使用不对称弯辊时要根据现场情况合理调整。

（3）双边浪的调整。在轧薄规格时容易出现双边浪，尤其是带尾。调整时当窜辊在两侧时增加中间辊弯辊力，在中浪严重时可以同时增大工作辊弯辊力，如果窜辊在中间时可以增加中间辊弯辊力减小工作辊弯辊力，同时也可以加大前张力调节双边浪，加大前张力时轧件横向位移减小，即加大前张力减小了金属横向流动，且对边部的影响效果大于对中部的影响效果。在调试时当时轧制的规格为 0.5mm×1250mm，板形的双边浪比较严重，在场观察发现 4 架双边浪效大，专家先是让用弯辊去调节，但效果不是很好，在专家同意的情况下增加了 4 架的前张力，同时增大工作辊弯辊力，在 4 架双边浪基本消除后改变板形曲线，双边浪基本上消除了。可见前张力和弯辊配合使用对双边浪的调节效果很好。

（4）复合浪的调整。复合浪产生的原因复杂，在调整时首先观察机架间带钢的状态，如果机架间有缺陷先把机架间的缺陷消除，再利用 5 架的闭环控制调节。总体的调整思路为把复杂缺陷简单化，把不对称的缺陷调成对称，用弯辊调整点缺陷，窜辊调整面缺陷，在总体板形改变后再细调，利用系统中的调节功能与手动调整配合使用，下面用实例来说明具体的调整方法。

在板形调整时要根据实际情况考虑到钢种、规格和参数设定，不同的钢种和规格系统中的参数不同，在调整时的方式是不同的。宽而薄、屈服强度高的带钢对力的变化比较敏感，所以在调整时以点动设备为主。出现缺陷时不能只看板形仪的显示，要观察实物是否与板形仪的显示相对应。板形缺陷也不一定都要消除，应根据下道工序要求来控制目标板形，这样可以利用板形缺陷。例如：供罩退卷采用微边浪控制，供连退、镀锌卷采用微中浪控制，供连退宽幅 IF 钢采用双边浪等。

30.5　结束语

冷轧产品要求精度高，设备的自动化程度也高，在生产中不能完全靠人工调整来保证板形，人工调整只是在特殊情况下控制板形的一种手段。要想得到良好的板形还要技术人员对系统参数不断地进行优化，对生产中发现的问题及时修正，严格控制好乳化液各项指标，充分发挥好冷却润滑的作用，这样才能轧制出高端冷轧产品。

RCM 轧机带钢表面乳化液斑缺陷形成与控制

31.1 引言

1 号、2 号、3 号 RCM（见图 31-1）是对 1580 热轧硅钢卷进行高精度轧制的冷轧机组，2011~2012 年先后调试投入生产。

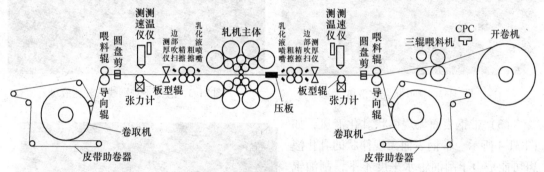

图 31-1 RCM 轧机布置简图

RCM 轧机在轧制过程中采用乳化液对带钢、轧辊进行冷却及润滑，但残留在带钢表面的乳化液一定要在成品道次卷取前去除干净。RCM 轧机入出口卷取机间到轧机的距离只有 6m 左右，而轧制速度最高能达到 800m/min。在这种长度短、速度快的机组，乳化液的隔断、清理有着极大困难。从 2012 年底开始，RCM 机组正式投产后的产量、质量爬坡，机组的生产进入了相对稳定的阶段，乳化液斑缺陷的改判率却呈逐月上升趋势。2013 年和 2014 年平均一个月降级 11.6‰，接近 240t，经查阅资料发现有些样板厂家乳化液斑缺陷改判率低于 3‰，与之差距甚远。因此分析乳化液斑迹缺陷产生原因并制定相应对策加以改善，成为提高硅钢产品质量的重中之重，以提高硅钢产品质量、提升客户满意度、增强市场竞争力为前提，尽快进行改进，降低 RCM 轧机带钢表面乳化液斑迹缺陷改判率，由前期的月平均 11.6‰降低到月平均 3‰以下。

31.2 乳化液斑产生的原因

不同类型的乳化液斑产生的原因也各不相同，乳化液斑大致可以分为滴落的柳叶状、带钢边部不规则线状、带钢表面无规律状、非生产原因导致的乳化液斑等 4 种类型。

（1）柳叶状的乳化液斑，如图 31-2 所示。柳叶状的乳化液斑缺陷易发生在冬季，厂房温度低，乳化液蒸汽凝结在框架上，从框架上滴落至带钢表面，带中的柳叶状乳化液斑，多为出口设备凝结油污和乳化液在轧制过程中滴落带钢所致。

（2）带钢边部不规则线状乳化液斑，如图 31-3 所示。带钢边部线状不规则状的乳化液斑原因可能是轧制成品道次时，带钢边部的板形控制过松有浪，乳化液从边部浪形中带出；带钢宽度规格由宽向窄变化；刮油辊胶皮边部磨损严重；刮油辊到产，辊型磨损严重；带钢的边部吹扫位置或角度不准，吹扫压力不足；刮油辊压力不足。

图 31-2　柳叶状乳化液斑

图 31-3　边部不规则线状乳化液斑

（3）带钢表面无规律状乳化液斑，如图 31-4 所示。带钢表面无规律状的乳化液斑可能是由于刮油辊水平度不平，刮油辊到产、辊型磨损严重，刮油辊压力不正常等原因产生。

（4）非生产原因导致的乳化液斑。根据对乳化液斑迹缺陷的成因进行分析发现，除了 RCM 机组本身的原因外，当轧制结束，后工序生产前库存时间过长，也会导致带钢表面斑迹缺陷的产生。夏季的厂房内空气湿度大温度高，通过数据的分析夏季的乳化液斑改判率会有一个小的反弹。

图 31-4　带钢表面无规律状乳化液斑

31.3　降低乳化液斑产生的措施

就此乳化液斑问题，一线生产人员在专业技术人员的带领下逐项分析研究，逐一解决问题，找出对策。

（1）柳叶状乳化液斑。这种受环境影响的柳叶状斑，通过对产生原因的分析，采取了相应的对策，通过外力改变现场环境，在轧机出口位置加装大功率轴流风机，如图 31-5 所示，通过大风防止热态的油雾凝结，如果有少量的凝结也能通过风机把快要滴落的乳化液吹散，避免滴落在带钢表面。

（2）带钢边部不规则线状乳化液斑。

1）手动设定刮油辊的压力和边部吹扫的位置。生产初期刮油辊的压力和边部吹扫位

图 31-5　出口区域增加大功率轴流风机

置是二级下发的固定值，在不断优化的过程中成品高速轧制时出入口操作人员可以根据实际带钢表面的乳化液斑情况手动调整刮油辊的压力（4~10MPa）和边部吹扫的宽度（750~1300mm），从而减少带钢表面的乳化液斑。

2）掌握压力与带钢宽度之间的关系。在生产初期刮油辊的压力是恒定的，不会因为带钢宽度变化而改变，随着生产经验的积累发现带钢宽度和乳化液斑有着内在的联系，操作人员和自动化控制共同努力将这些内在的联系优化到自动化程序中去，使得不同宽度的带钢在成品轧制时下发对应的刮油辊压力。

（3）带钢表面无规律状乳化液斑。

1）合理布置刮油辊。原轧机精刮油辊与粗刮油辊的下辊布置方法是与轧制线等高与轧制方向垂直布置，上辊压下的压力可在 4~10MPa之间进行调整。但是板形的变化以及高速运转中（轧制速度大于等于 500m/min）刮油辊本身的振动都使得刮油辊与带钢的有效接触无法得到保证。

刮油辊为钢辊且与轧机间的距离过短，高速轧制中很难将带钢表面清理干净。

改变原有精刮油辊与粗刮油辊的下辊与轧制线等高的布置方法，粗刮油辊下辊高于轧制线布置，精刮油辊下辊低于轧制线布置，使带钢在刮油辊上形成一定包角，如图 31-6 所示。这种布置方式可以使带钢在卷取机与轧机间的张力作用下，下表面紧贴粗刮油辊下辊辊面，上表面紧贴精刮油辊上辊辊面，并使得带钢在刮油辊上形成 3°左右的包角，增加了接触弧长，使带钢与刮油辊充分接触，大大改善带钢表面

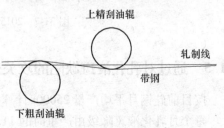

图 31-6　刮油辊位置的优化

擦拭效果。

2）成品道次前上套筒操作法的优化。在成品道次上套筒的穿带过程中，按照以往的操作需要升起刮油辊送带。这样便造成了上表面少量的乳化液流出，并在接下来的操作中使流出的乳化液大量附着于喂料辊。附着于喂料辊的乳化液在成品道次轧制时逐渐滴落于带钢上，同样形成柳叶状乳化液斑。就此问题深入思考合理利用轧机现有的设备优化成品道次上套筒的穿带方法，此方法无需在穿带时升起刮油辊，实现成品道次穿带过程中带钢上表面乳化液的带出。

具体操作如下：

①顶起钢卷小车压好喂料辊、刮油辊。

②圆盘剪垂直轧制方向剪切带钢，行刀至带钢宽度 2/3 处停止。

③退回圆盘剪。

④升起喂料辊，联动模式向前动作带钢，使剪切切口运行至导向辊以后。

⑤切至单动模式，拽断带钢，完成穿带。

（4）非生产原因导致的乳化液斑。通过这一规律的发现，作业区针对此情况制定措施，合理地安排生产计划，减少轧机与下工序的生产间隔。夏季的乳化液斑缺陷会比其他季节的有所上升，在夏季更应该提高标准，确保成品质量。

31.4　乳化液斑缺陷的控制

通过 2015 年一年的不断摸索和采取的一系列的对应措施，乳化液斑缺陷得到了有效的控制，从 2014 年最高的 11.6‰ 降低到 2.9‰，如图 31-7 所示，2016 年平均值稳定在 2.58‰，如图 31-8 所示，使乳化液斑缺陷改判率达到一个可控范围内。

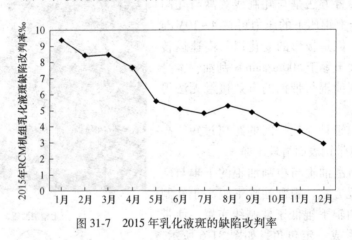

图 31-7　2015 年乳化液斑的缺陷改判率

31.5　通过对乳化液斑缺陷的攻关带来的经济效益

按目前硅钢月平均产量 25000t 计算：

每个月乳化液斑降级由严重时的 11.6‰，下降为现在的平均 2.9‰，按目前降级 1t 直接损失 400 元计算每年可增效：25000t×（11.6‰-2.58‰）×400 元×12 月 = 1082400 元

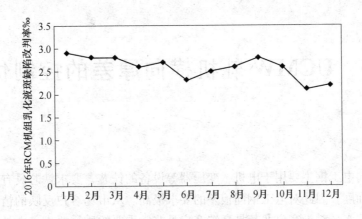

图 31-8　2016 年乳化液斑的缺陷改判率

31.6　乳化液斑缺陷改判率的保持

日常生产过程中时刻关注乳化液斑形成的关键点位，按照前期积累的经验总结如图所示，按照图 31-9 中点位去控制，岗位之间做好联系确认。

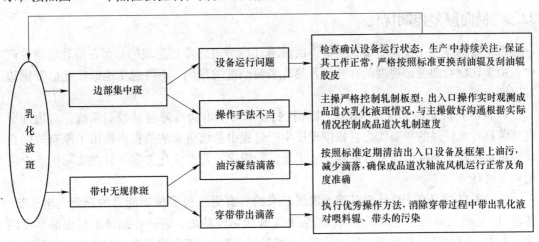

图 31-9　乳化液斑缺陷改判率的保持控制要点

31.7　乳化液斑缺陷改判率的下一步攻关方向

通过前期的攻关，乳化液斑缺陷得到了有效的控制，在今后的生产中计划从轧制工艺方面着手去摸索成品道次乳化液喷射模式及流量对带钢表面乳化液斑及性能的联系，在满足带钢性能的情况下尽可能地降低乳化液喷射。通过从源头减少来控制乳化液斑缺陷。

32　UCMW 轧机横向厚差的控制优化

32.1　引言

冷轧无取向电工钢主要用于电机、变压器等设备的铁芯，要求铁芯具有高的叠片系数和冲片尺寸精确度，因此对电工钢同板差的要求极高。从市场客户反映的情况来看，通卷带钢上的同板差水平对于客户尤其是高端客户是非常重要的质量要求，也是市场竞争的关键的因素之一。

带钢同板差包括沿轧制方向的纵向厚度差与沿板宽方向的横向厚度差。随着冷轧厚度控制技术的不断发展，在目前各厚度自动控制 AGC 的控制下，带钢纵向厚度控制完全能够满足要求。但由于影响带钢横向厚度差的因素较多、控制手段有限，横向厚度差成为制约同板差控制水平提高的关键因素，也是国内外各钢厂的攻关难题。

32.2　横向厚差控制优化

带钢横向厚差主要是由带钢边部厚度减薄（也称边缘降）造成的。而在冷轧带钢生产中，由于轧辊弯曲变形挠度的存在以及热轧来料凸度的影响，不可避免地造成轧后带钢边部厚度减薄。

UCMW 轧机配备了与 K-WRS 边缘降控制技术对应的边缘降自动控制系统，对边部厚度减薄具有比较强的控制能力。依据现场生产过程中总结出来的数据，指出了原有边降自动控制系统在控制横向厚差方面存在的不足，并提出了几点优化方案，且在实际生产中应用效果良好。

UCMW 轧机是在 HC 轧机基础上发展起来的具有更强板形控制能力的新型六辊轧机，其在 HC 轧机的基础上增加了中间辊弯辊和工作辊窜辊功能，进一步加强了对边部厚度的控制能力。UCMW 轧机具备中间辊窜辊、中间辊正弯辊、工作辊窜辊和工作辊正负弯辊等板形控制机构，采用工作辊横移以实现带钢边部减薄控制，同时工作辊横移也是控制小边浪的有效手段。

理论上的带钢横向厚差是指带钢宽度方向上厚度最大值与最小值之差，在实际生产中，通常是去掉两侧距边部一定长度后，剩余部分的厚度最大值与最小值之差。

本冷轧横向厚差数据是依据边降仪检测数据计算得到，具体算法为：边降仪在带钢横断面上共有 35 个测量点，去掉两侧距边部 5mm 和 10mm 处的两个测量点，两侧距边部 15mm 之间的 31 个测量点的厚度最大值与最小值的差值即为此断面上的横向厚差值。

冷轧 K-WRS 边降控制技术采用单锥度辊型设计，一是补偿带钢边部轧辊挠曲变形的明显变化，二是减小轧辊在带钢边部的磨损，三是减小原料断面轮廓对冷轧带钢轮廓尺寸的影响，以达到对冷轧带钢边部减薄的有效抑制。当此种方法与轧辊轴向移位的轧制方法相结合时，就可以实现对各种钢种和规格带钢的边降控制。

边降自动控制系统主要包括预设定控制和闭环反馈控制两个模型。其中预设定控制参数是按照原料钢种、宽度以及厚度规格固化在二级过程控制常数表中，并可根据现场实际控制情况及时调整，它包括窜辊量预设定值以及边降控制的目标值和允许的偏差值。

闭环反馈控制模型是边降自动控制系统的核心，其控制思路的优劣直接决定着带钢边降的实际控制效果。它是以边降仪在线检测的带钢边部减薄实际值为基础，修正工作辊窜辊量，目的是适应带钢头部位置与中部位置边降状况的不同。

闭环反馈控制的具体工作方式为：反馈控制系统将边降仪在线检测的实际边降数据与预先设定的控制范围作比较，当边降超出此范围时，控制系统就会通过改变前两个机架的上或下工作辊（带钢两侧边降分别控制，上辊对应工作侧，下辊对应驱动侧）窜辊量来调整，使其在设定控制范围内。

基于原有边降自动控制系统的控制模型，提出以下几点优化横向厚差控制的策略，以提高边降自动控制系统对横向厚差控制的能力。

边降闭环反馈控制是以5号机架出口的边降仪测定的边降实际值为基础，修正机架工作辊的窜辊位置。原有边降自动控制系统实质上是利用前两个机架的工作辊轴向窜动来控制带钢两侧距边部15mm处与距边部115mm处的厚度差。然而由于原料横断面轮廓复杂多变以及原有系统控制原理的限制，在实际生产中暴露出多种边降在控制的设定范围内，但横向厚度差不受控的情况，因为带钢横向厚度差考虑的是整个带钢宽度方向上厚度差，超出了现有边降自动控制系统的控制范围。

实际生产中往往在带头剪切后，前两个机架的工作辊窜辊通常迅速由设定值向极限方向窜动，并且在后续轧制中一直保持为极限值，直至下一个焊缝到达1号机架入口才回窜到预设值。在此期间，即使边部减薄程度较大，边降自动控制系统也无法通过前两个机架的工作辊窜辊来调整。这种现象通常出现在原料凸度较大或钢种硬度较大的情况下，即原有边降自动控制系统利用前两个机架的工作辊轴向窜动来控制带钢边部减薄的能力有限，并且前两个机架的窜辊负荷用到了极限。一方面过大的窜辊量对轧制稳定性造成影响；另一方面前两个机架将带钢轮廓轧制成极大的狗骨形，而后续机架又极力进行平整，造成带钢边部在后道机架的相对延伸量过大而产生边浪，使5号机架的锥形工作辊窜到极限后也无法完全消除成品带钢的边部浪形。

经过深入地研究与论证，本冷轧将边降自动窜辊功能由原来的两机架控制改为了三机架控制，用3号机架分担30%的窜辊控制负荷，另外，投入4号机架的负窜辊（但不执行自动窜辊），有效地减轻了前两个机架的负荷，并明显地提高了对边部减薄的控制能力。

原有边降自动控制系统单侧只有两个评估点，无法对具有复杂断面轮廓的边部给予合理的评价和控制。由于原料一侧的边部存在厚度反翘，导致冷轧轧制过程中相应边部出现局部厚度增厚。此时的边降值 DS(15~115) 为正值，超出了边降控制的目标范围，控制系统就会使前两个机架的下工作辊窜辊向宽度方向窜动，从而导致驱动侧其他部位的边部减薄更为严重。解决以上问题的有效方法为增加多个边部厚度评估点。

出于对轧制稳定性的考虑，在投入3号机架自动窜辊功能、4号机架负窜辊前，关键是需要在预设定模型中设定合理的1~4号机架的工作辊窜辊预设值。给定1~4号机架窜辊预设值的一个很重要的原则是：从1~4号机架成负梯度设置，使带钢断面轮廓逐步过渡到接近矩形的尺寸，降低带钢边部在后续机架的相对延伸率，从而在提高横向厚差控制能力的同时，也改善成品带钢板形。

在轧制过程中常常发现这样一种现象：过焊缝时 1~3 号机架工作辊窜辊回窜到二级预设定值，剪切完毕后 1~3 号机架工作辊迅速窜到边降控制的实际值，无形中增加了窜辊过程中的横向厚差不良长度。而且过焊缝时常常跑偏较大，再加上工作辊回窜，造成机架间张力偏差增大，引起断带的风险也加大。所以，增加选择性关闭自动回窜功能，由操作人员根据带钢头尾轮廓的实际情况自主选择，大大地缩短了带钢头部的横向厚差超差长度。

酸轧线无法监测进入轧机前的原料轮廓形状，所以钢卷带头的前 3 机架工作辊窜辊值一般采用上卷带尾或二级预设定的窜辊值，这种方式有时会出现不匹配的现象，进而在带头部分横向厚差自动调节，出现工作辊迅速窜动，如果带头剪切后直接加速，会导致横向厚差超差部分增长。

另外，带头剪切后，带钢处于失张状态，各项轧制参数均不稳定，直至卷曲才稳定下来。如果在带头剪切至稳定卷曲的过程中加速，势必会加剧各轧制参数的不稳定，直接表现为带钢纵向和横向厚度的波动。

在执行剪切后的延时加速措施后，带头的横向厚差控制水平有明显的改善。

32.3　横向厚差控制效果

在进行以上控制模型的逐步优化后，横向厚差控制水平逐步提高，取得了较好的控制效果。

带钢头尾的横向厚差控制主要由预设定模型实现。通过优化预设定模型，取得了良好的效果。

本轧机连续 8 个月的带钢头尾的横向厚差超差长度，完全优化后，带钢头尾的横向厚差超差长度与优化前相比缩短了 60m 以上。

带钢全长的横向厚差控制主要是由预设定模型和闭环反馈控制模型共同实现的。完全优化后带钢全长合格率提升了约 3 个百分点；带钢全长优等率提高了约 50 个百分点。

在控制热轧来料凸度的基础之上，通过采取上述横向厚差的优化措施后，多个衡量横向厚差指标的对比数据表明，1450 UCMW 轧机对带钢横向厚差的控制能力得以显著提升，头尾超差长度由原来的 110m 缩短为约 50m，全长横向厚差优等率由原来的 35% 提高到 87%。

33 单机架平整机羽痕缺陷的产生原因及消除方法

33.1 引言

　　一冷轧厂罩退车间平整机组采用的是单机架四辊平整机。出入口设有张力辊和测张辊，可以采用四段张力和两段张力进行轧制。出入口设有激光测试仪，采用恒延伸率轧制。自 2011 年投产以来至 2012 年 6 月羽痕缺陷出现特别少，2012 年 6 月至 2013 年的 6 月羽痕缺陷的出现呈上升趋势，2013 年 4 月 16 日罩退平整甲班单班产生羽痕缺陷 70t，作业区月累计羽痕缺陷约 150t，降低作业区成材率 0.5%，给作业区和个人带来很大损失。羽痕缺陷又称为平整花和羽毛纹。如图 33-1 和图 33-2 所示。

图 33-1 羽痕缺陷 1

图 33-2 羽痕缺陷 2

33.2 羽痕缺陷的产生原因

　　(1) 设备精度。2011 年刚投产时羽痕缺陷产生特别少，而较为困扰的是卷取机产生横折印，随着产量的增加，品种规格的变化也随之增多，羽痕缺陷也就逐渐地增多。起初认为羽痕的出现是轧制力过高造成，采取了一系列的方法，效果甚微。当一次性产生羽痕缺陷 70t 时，作业区针对此缺陷做了一次彻底的设备检查，主要就是对各个辊系的水平度检查。最后发现造成羽痕缺陷的主要产生原因是设备问题，由于厂房是建在沙地上，随时间的推移，地基有了轻微的下沉，造成牌坊倾斜，轧辊的水平度特别差。

　　(2) 原料问题。原料问题包括酸轧卷的厚度超差、脱脂卷的卷取张力小和罩退卷的严重黏结。

　　(3) 轧制参数。主要体现在参数设定，轧辊倾斜和弯辊的调整。

33. 3　羽痕缺陷的消除方法

33. 3. 1　设备精度

2012 年作业区请来德国 CSS 技术攻关小组针对各种缺陷的产生做了系统的分析，最后得出结论，羽痕缺陷的产生和各个辊系的水平度和平直度有关。通过对平整机各个辊系的水平度测量，操作侧比传动侧低，所以每次更换支撑辊的时候就要在操作侧底座加装一个厚度合适的钢板，厚度合适是指支撑辊的水平度规定不超过 0. 05mm，标准是不超过 0. 03mm。每次测量都要对支撑辊进行三点测量，保证设备的精度。

结合羽痕事故分析：4 月 16 日甲班白班，在生产宽度为 1350mm 薄带钢时产生羽痕四大卷，10 小卷，质量约为 70t。在出现羽痕后，作业区立即命令停止生产，对支撑辊水平进行测量。抽支撑辊辊前测量结果为操作侧高 0. 19mm，严重超出允许范围（允许范围小于等于 0. 05mm）。经过五冶的处理，回装后支撑辊水平达到允许范围，继续生产。由于支撑辊的严重倾斜导致轧辊的辊缝值不一样。在同等的轧制力的作用下操作侧的变形量就大，造成操作侧有浪，在保证整块延伸率一样的前提下，传动侧的轧制力就要大于操作侧，由于用的是凸辊，在一侧轧制力高的情况下，带钢中边部局部压下量更高，造成延伸加大，入口起皱，造成羽痕缺陷。这次事故的发生就是因为回装支撑辊水平测量数据不够准确，加装垫片过高造成。

33. 3. 2　原料问题

（1）酸轧卷的厚度超差，当轧制厚度不一的钢卷时由于轧制力和张力的作用会造成局部延伸率加大，造成钢板产生滑移，严重会产生瓢曲，轻微的会有羽痕缺陷的产生。当酸轧出现厚度超差时一般都是带头，经过脱脂再到平整就是带尾，这种缺陷一般不超过 50m，而且都会有记录，会清楚地显示哪里有超差，操作工就可以提前降速，正弯值加大，避免羽痕缺陷的产生。

（2）脱脂卷的卷取张力小，会造成开卷机产生塔形，随着生产过程的进行塔形会越来越严重，塔形的产生点是不固定的，一种是从卷心就开始塔形，另一种是从带钢中部开始塔形。当生产至塔形接触点的时候 CPC 纠偏装置会给带钢一个反方向的力，这样就会造成轧辊入口有褶皱，造成羽痕缺陷的产生（由其薄规格最明显）。在生产过程中为了避免塔形的出现，作业区根据实际生产情况，多次优化两个机组的张力值，最后制定了最为合理的张力参数。当生产中遇到入口出现塔形的情况时，首先要降低入口张力，降低轧制速度，保证塔形不再扩大，当生产至塔形接触点时要爬行通过，避免羽痕缺陷的产生。

（3）罩退卷的严重黏结，罩退卷产生轻微黏结很普遍，一般薄规格钢卷带头带尾或多或少都会产生这种缺陷，是罩退生产的一个顽疾。而严重黏结的产生就和生产工艺有着很大的关系了。当钢卷产生严重黏结时，首先产生的缺陷是黏结点和黏结条纹，开卷过程中通过张力把层与层之间的黏结撕开，就会产生钢板左右倾斜，使成 CPC 纠偏左右不间断地来回动作，造成轧辊入口褶皱产生羽痕缺陷。生产中遇到黏结严重时，入口会发出刺耳的撕开黏结的声音，这时要加大入口的张力，提高轧制速度。虽说低速可以消除羽痕的产生，但是会有黏结条纹的产生造成废品的出现。高速可以消除黏结条纹，但是容易产生羽痕，根据综合考虑，通过多次的轧制得出，轧制速度在 300m/min 时可以消除黏结条纹而且不会有羽痕的出现。

33.3.3　参数设定

一个好的操作工是能够通过各个参数来避免羽痕缺陷的产生，羽痕的出现就是由于入口起皱和局部滑移造成，下面通过各种参数具体分析。

（1）平整液的浓度和流量。平整液的浓度高流量大能够大大降低轧制力，因为平整液浓度低流量小时润滑效果不好，工作辊辊面与带钢表面接触时其摩擦力大，润滑不好的工作辊与带钢接触面的轧制力相对要大些，则延伸随之增大，造成局部滑移。为了保证润滑效果，每天接班后都要进行喷嘴的检查，发现有堵塞时立即处理。

（2）防皱辊。防皱辊主要作用就是防止入口起皱，它和入口压辊相配合，压辊向下，防皱辊向上，使得钢带平稳的进入轧辊。为了防皱辊的精度和使用寿命，规定薄规格防皱辊伸出高度大些，厚规格就要小些，为了减少羽痕缺陷的产生，可在轧制薄规格的时候在原有的基础上提高防皱辊伸出长度 10mm。

（3）轧辊使用。平整机是采用四辊轧机，支撑辊采用平辊，材质是锻钢，工作辊辊型为凸辊（凸度为 0.05mm），材质为合金锻钢，为了减少换辊周期，工作辊表面又镀铬。支撑辊换辊周期为 3 万吨，镀铬工作辊换辊周期为 400km，普通工作辊为 120km。因为工作辊辊型采用凸辊，生产时为了消除轧辊凸度带来的正弯值过大，所以就把弯辊力初设值设为负数。生产时由于速度的升高轧制力加大所以正弯值就要加大，所以支撑辊的中部就会磨损严重。当支撑辊使用到后期时其中部就会凹陷，边部与其凹陷接触点就会有个凸点，在生产时就会产生局部压下力过大、延伸率过大、局部滑移、产生羽痕。在轧辊使用过程中，新的支撑辊就使用小的正弯值，到支撑辊使用后期，尤其是薄宽规格的钢带，就一定要加大正弯，防止羽痕的出现。

（4）张力辊的使用。平整机可以采用张力辊模式和转向辊模式，最初生产时用过张力辊模式，随着产量的加大，就直接采用转向辊模式轧制了（采用张力辊模式穿带时费时费力，穿带时间是转向辊模式的两倍）。由于羽痕缺陷的出现，为了减少质量事故，提高成材率，在轧制厚度低于 0.8mm 的钢带时采用张力辊模式。张力辊模式，采用四段张力大大降低了开卷张力（减少入口塔形的出现），加大了入口张力，使钢带能够平稳、平直的进入轧机，减少抖动和入口褶皱，从而减少羽痕的出现。

33.4　结束语

最初产生羽痕的时候，大家都对其一无所知，更不知道它产生的原因和消除办法，当时解决的办法就是回避，遇到薄规格的钢卷，都有抵触心理，后来通过学习和总结，对羽痕缺陷有了根本性的认识，要想彻底消除羽痕缺陷以后不再产生是不能的，因为产生羽痕缺陷的原因太多了，只能通过自己的知识和技术降低羽痕缺陷的产生。当羽痕缺陷产生时，第一时间分析出产生原因和解决办法，从而提高成材率。

34 来料浪形造成带钢成品毛刺缺陷的应对

34.1 引言

　　6H3C-1750 单机架是一台可逆轧机，生产能力相对连轧来说比较弱，但是生产比较灵活，随时可按市场需求进行调整，不受工序制约，这也是可逆轧机存在的价值。现代化科技的日趋发展，客户对产品质量要求也越来越高，对于生产来说，要求技能提高的同时，对设备维护的要求也不断提高，并对设备加以适当改造，来适应现代化发展时期，产品在客户心中的地位，这样才能使产品得到客户的认可，才能在严峻的市场条件下很好的生存下去。

34.2 产生毛刺的原因及控制措施

　　对于 6H3C-1750 单机架针对毛刺质量问题对设备的小改造，可采用直头机处的尼龙板改造，毛刺问题明显减少，还有一些特殊规格在来料有边浪缺陷时会产生轻微的毛刺缺陷，缺陷虽小，也不能视而不管。

　　因为出现的毛刺比较少，而且时不时出现一卷毛刺，检查起来有些困难，每次出现之后就相同的规格进行跟进，经过很长时间的查找，发现出毛刺 99% 是第一道次。因为只有第一道次，带钢在防颤辊和自由张力辊的作用下，从开卷机到出口卷取机距离，还有带钢接触的设备比较多，中间道次上表面除了轧辊，还有张力计辊、板形仪辊、出入口转向导向辊，没有其他设备接触，加上带钢几乎是悬空的，是不会和其他设备剐蹭的，这几个辊设备在不出现故障前提下，都是和轧机速度是同步的，所以是不可能产生边部剐蹭的。而且产生的毛刺缺陷很有规律，那就是特定的带钢规格 1219mm 宽度发生的，而且是来料存在边浪缺陷的才会产生，这也就是说解决毛刺质量固定两个方法：(1) 从设备入手，找到剐蹭的设备；(2) 从原料缺陷入手。但是由于热轧板形控制不如冷轧好，成品经常带有中间浪或边浪缺陷，而在酸洗时，为保证成品材的最大收益，双边切去量少，这样热轧的成品缺陷根本无法全部消除，这样使得缺陷延续到了轧机。

　　所以从原料解决的方法几乎是不可能的，只能用第一个方法对设备进行改善，每次只要碰到 1219mm 左右宽度规格的就查，首先从直头机开始，一处一处的设备进行查找，主牌坊外部设备都一一检查完，但没有发现什么问题，开始回想上次的呢绒板改造，是否有不合理之处，但是上次的改造是更换一块整体板，生产 1219 宽度的料也不是最多的，实际磨损并不严重，经过一段时间的验证，现在的成品毛刺确定不是上次的改造造成的，但是这个小小的质量问题也不能任其存在，坐视不管，这样的产品是不会得到客户认可，也只是勉强接受而已。

　　接下来延伸到牌坊内的设备查找一线线索，但是生产时，会有大量乳化液喷出，想观察到里边，需要特定的条件，之前总以为速度慢一些，人离的近会好观察一些，但是每次都差强人意，速度慢了把自由张力辊少压点，就不会产生，但速度起来后，不但有乳化液，为保证带钢的稳定性自由张力辊又不能少压。

在一次偶然的机会，正常检修后，因为检修时处理了自由张力辊，需要观察生产情况，及设备运行状态，第一道次整道次在自由张力辊旁进行观察，速度也随着调试一点一点升起来。当带钢跑了半卷以后，发现带钢过了自由张力辊后，会发生变形情况。自由张力辊是由多排圆柱形小辊组成，起到第一道道次增加张力和矫直的作用，这样带钢就不会跑偏。

发现这一个情况后，又进行观察发现，在边浪卷过自由辊时浮动会变形更大，通过这个现象，对宽度 1219mm 的料进行跟踪了一段时间，对成品毛刺渐渐有了眉目。原来是边浪的增大导致，带钢有时会蹭到自由张力辊后边的导板，如图 34-1 所示，成品边部就有毛刺。

剐蹭的设备主要起一个过渡作用，防止穿带带头穿到侧导板下边去，主要结构是 100mm×500mm 宽的两块铁板，操作侧驱动侧各一块，铁板上固定一块呢绒板，由螺丝固定，但边部铁板高出一个 1.5cm 的棱，和呢绒板厚度几乎相同，是为了防止呢绒板来回攒动和方便安装，如图 34-2 所示。

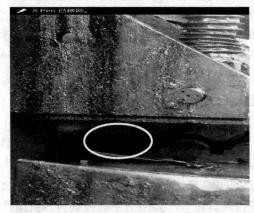

图 34-1　导板

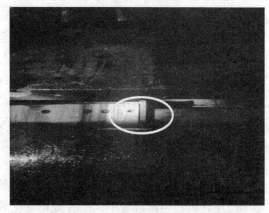

图 34-2　高出的楞

长时间的使用以及同专业人员的探讨总结，认为这个边部设计是理想化的，好多因素是不可控的，例如：原料不是本部产的。这样一来可以说这个棱就是多余的，因为十多年的使用只换过两三回呢绒板，而来料是控制不了的，有的带钢在未开卷之前是不知道有没有边浪的，为了生产的顺稳，减少带出品的量，增加我部冷轧产品在客户心中的地位，和设备专业共同协商后，决定将边部切掉，如图 34-3 所示，这样处理对今后是利远远大于弊的。

图 34-3　切掉边部

34.3　效果

经过一段时间的验证，处理掉边部是正确的，这个 1219mm 宽度规格的料，毛刺不再出现了。产品的质量提高，需要设备维护和操作工技能的提高。

客户就是上帝，只有完美的东西在客户眼里才能得到认可，虽然不一定做到完美，但可以不停地向完美靠近，产品质量在所有职工的努力下，一定能达到客户免检商品。

35　冷连轧机打滑分析与控制

35.1　引言

冷轧薄板生产线主要包括一条酸轧机组、一条连续退火机组和两条热镀锌机组。其中，酸轧机组设计年产量为 170 万吨。酸洗线采用紊流盐酸酸洗，冷轧线采用五机架六辊 CVC 轧机。产品以汽车板、家电板为主导，是高技术、高难度、高附加值的产品。

在正常生产轧制过程中会经常出现打滑现象，打滑现象是指轧钢过程中轧件和轧辊之间发生相对滑动，其实质是带钢的变形区完全由前滑区或后滑区所取代。发生打滑现象一方面使轧件表面产生划痕，影响带钢质量；另一方面，使轧机发生强烈震动，造成带钢的纵向振纹。发生打滑现象轻则影响带钢的表面质量和产量，重则引起断带堆钢事故，因此，如何避免轧机高速轧制时发生打滑是提高轧机生产能力的一个重要课题。

一般来说，打滑是指在冷连轧过程中，轧辊的圆周速度超过带钢的出口速度，带钢和轧辊之间发生相对滑动。其实质是带钢的变形区完全由后滑区所取代，中性面出现在变形区之外，导致轧制过程出现失稳的状态。中性面是调节平稳轧制状态的一个重要参数。当中性面出现偏移后，即中性面偏移至咬入口处或位于出口时，就会出现打滑现象。

冷连轧机组生产过程中，品种规格变化频繁，尤其在生产大压下率高强钢时，机组严重打滑现象频发。顺义冷连轧机组打滑现象多出现在 1 机架。一旦发生打滑现象，如何采取有效措施非常关键。

35.2　冷连轧机组打滑特征

（1）在轧制过程中，品种规格发生变化时，尤其大变形量轧制和高强钢轧制时，打滑趋势明显。打滑现象多发生在 F1 机架，少量出现在 F2 和 F4 机架。首钢顺义冷连轧机组 F1 机架的打滑频次高，一方面由于作为参与变形的第一个机架，F1 机架咬入难度更大；另一方面，F1 机架也承担主要的道次变形。F1 机架前后配有测厚仪以及响应的厚度控制单元，如前馈控制 FFC，秒流量控制 MFC 以及反馈控制 MON，而 F2 机架配置有前馈控制 FFC，F1 机架和 F2 机架基本承担了 30%~40% 的总变形量，且对厚度控制的精度有直接的影响，动态调整过程中使得打滑的风险增加。

（2）轧制参数异常波动，轧机出现异响。出现打滑时，张力波动较大，同时发出异响，有时还产生共振，此情况多出现在高强钢轧制时。由于轧机轧制策略中的 F1 机架压下负荷分配与实际生产中 F1 机架后的厚度无法达到设定要求，连轧机组出现控制失去平衡，F1 机架出现打滑。同时随着轧制的进行 F1 机架前后的相关控制单元反复调整，但对于超差的厚度无法进行时时调整时，轧制参数出现异常波动，包括机架间张力、轧制力等参数剧烈波动，成品厚度、板形均受到严重影响。

（3）打滑时机架间带钢表面容易产生边部振纹。如图 35-1 所示。

机架间带钢正常状态下

机架打滑造成的振纹

图 35-1　边部振纹

35.3　冷轧机组产生打滑的原因及控制措施

（1）乳化液因素。乳化液油膜强度较低，浓度过高。

1）乳化液的稳定性会影响其在轧机辊缝中的润滑性能，其中包括乳化液浓度、温度和黏度。如果乳化液浓度过低就起不到润滑作用，这时在轧辊的辊缝处就会有铁粉被磨出来，轧辊就会磨损很快容易产生划伤。如果浓度过高就会增加打滑风险，所以乳化液浓度对冷轧来说起着至关重要作用。

如果乳化液温度达到75℃以上，在这样的温度下，轧制乳化液中的乳化剂就会开始损坏，原油变得难以保持在乳化液中，展着性能很难控制。而乳化液温度太低也会有问题，乳化液在42℃以下的温度环境中运行容易产生易于细菌繁殖的环境，在这种温度下，细菌在乳化液中会大量繁殖，导致乳化液性能一致性方面的问题，乳化液发臭并且 pH 值波动不定是乳化液中出现细菌大量繁殖的典型症状。

由于轧机连续高速轧制大压下量产品，因轧制变形功过大而产生大量的热能，使乳化液系统温度上升，此时润滑油膜破裂，带钢与轧辊发生局部黏结，并在轧辊表面不均匀扩展而引起打滑。但是根据流体动力学的基础原理证实，当固体表面运动时，与其连接的液体层被带以相同的速度运动。也就是说，随着轧制速度的增加，润滑油层的厚度应该也是相应增加的。那么就只有乳化液温度这一点来控制，乳化液温度的提升必然使乳化液黏度下降，进而会导致乳化液离水展着性的下降，离水展着性就是指轧制时，乳化液喷射到轧辊及带钢上开始为水包油型，但随着温度的增加，水被气化，使油分优先扩展附着在带钢表面上。因此乳化液系统在高温情况下，只提升浓度是不能够解决打滑的产生，同时还要及时调整乳化液系统的温度。因此乳化液温度一般情况下都须设在 48~55℃ 之间，及时观察加热冷却循环状态，迅速调整乳化液温度。

2）润滑条件控制。保持乳化液浓度的稳定性，生产高强钢或薄料前，提前 2h 停掉供 F1~F4 机架的 2 号箱体的搅拌，目标浓度控制在 3.5% 左右。

3）把 F4 机架乳化液的喷流量从 7000L/min 降到 6500L/min，防止因机架乳化液过润滑导致带钢表面和轧辊相对摩擦后产生打滑的情况。

（2）轧制参数设定。打滑机架的张力、负荷分配制度不合理。

1）负荷分配是轧制规程设定计算的核心，合理的负荷分配能够充分发挥轧机生产能力，稳定生产过程，提高产品质量。在一定轧制条件下，各机架的厚度分配确定后，各机架的轧前厚度、轧后厚度和轧辊转速等主要工艺参数就确定了，从而其轧制力、轧制力矩、轧制功率等负荷参数也就确定了。负荷分配是轧制规程的核心，它直接影响到板形、板厚精度等产品质量，负荷分配还对轧制能耗、辊耗、生产过程的稳定性和作业率等项指标有重要影响。具体优化方向为将 F1 机架的相对压下率由 30%~35% 降低至 20%~25%，增加各个机架间单位张力 10%~20%。

重点对含磷高强钢、450MPa 级别以上双相钢和 380MPa 级别以上低合金高强钢的轧制策略做了改善。轧制策略改善方向为：降低 F1 机架负荷，使得 F1 机架轧制力为 F2~F4 机架的 80%~90%，F1 机架功率为 F2~F4 机架的 75%~85%；增大 F1 机架前张力、降低 F1 机架后张力，在原有基础上调整幅度为 10%~20%；保证 F2~F4 机架负荷处于大致平衡状态；F5 机架变形量在 1.5%~3% 之间；F2~F5 之间张力按材料硬度分布，最高不超过 185MPa，其中 F3 机架前后单位张力差在 15~20MPa 之间，降低 F3 机架打滑风险。

2）对轧制工艺参数进行优化调整，还包括：加大 1 架出口张力，适当降低 1 架入口张力以及适当增加 1 架负荷分配等。结果表明这些措施可以在较大程度上改善打滑问题。

3）轧辊粗糙度对打滑的影响。一般说来，轧辊的粗糙度与轧制吨位密切相关，轧辊表面的粗糙度随着轧制吨数的增加而降低，轧辊粗糙度主要影响摩擦系数，随着轧辊粗糙度的急剧降低，轧辊与带钢的摩擦系数明显减小。及时换辊有利于防治打滑，但是换辊明显会降低冷连轧机组的作业率和提高冷连轧机组的成本，在追求高效率、低成本生产组织模式下，要求冷连轧机组更换轧辊不能过于频繁。因此改善的重点放到增大轧辊表面粗糙度上来，将 F1~F3 的工作辊粗糙度在原有基础上提升 0.1~0.2μm，有效地降低了打滑风险。

通过跟踪实验得知：前期一直沿用 0.6~0.7μm 粗糙度工作辊，经常出现在轧辊中后期，F1 机架出现打滑现象。将 F1~F3 机架工作辊粗糙度提升至 0.8~0.9μm，有效地保证了轧辊的使用周期，降低了打滑风险。图 35-2 所示为两种粗糙度轧辊下，前滑值的表现情况。对比钢种 51AO1，规格为 3.5mm×1471mm 轧制 1.23mm×1471mm。可以看出，在新粗糙度轧辊轧制吨位处于偏高状态时（轧制吨位 1066t，旧粗糙度轧辊轧制吨位为 502t），F1 机架粗糙度显著高于试用前，旧粗糙度轧辊使用下 F1 机架处于打滑状态（前滑值为负值）。

生产高强钢及易打滑钢种时酸轧机组轧机工作辊轧制周期按照表 35-1 控制：

表 35-1　工作辊轧制周期

轧辊分类	产品规格	F1 架/t	F2 架/t	F3 架/t	F4 架/t	F5 架/t
非镀铬辊	≥0.6mm（厚料）	2000~2500	2000~2500	2000~2500	1000~1500	1000~1500
	<0.6mm（薄料）	1000~1300	1000~1300	1000~1300	1000~1300	1000~1300
镀铬辊		3000~3500	3000~3500	3000~3500	3000~3500	3000~3500

4）轧制速度。随着轧制速度的增加，润滑油膜的厚度增加，摩擦系数随之减小。轧制速度是影响摩擦的另一至关重要的参数，可以很好地控制打滑。冷连轧机组出现打滑时，为防止出现打滑，可降低轧制速度，使轧制过程的摩擦状态发生变化，进而避免打滑

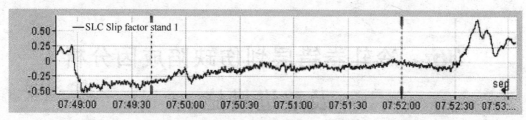

2015年12月1日 7:53 轧制吨位502t (旧粗糙度轧辊)

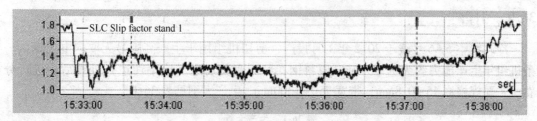

2016年1月6日 15:38 轧制吨位1066t (新粗糙度轧辊)

图35-2　不同粗糙度下 F1 机架前滑情况

现象的发生。一旦发生打滑，首先降速轧制，增大轧辊与带钢间的摩擦系数。

　　某日轧机生产高强钢，钢种 M3A25，规格为原料 3.5mm×1329mm 出口 1.21mm×1329mm，正常生产过程中轧机出口速度 556m/min 时轧机出现打滑现象，随后出口速度降至 200m/min 以下打滑现象消除。生产过程中要求操作人员时刻关注前滑值状态，当前滑值低于−1.0%时，降低轧制速度至 300m/min 以下，避免频繁升降速。

　　理论上降低打滑风险的方法有许多，实际采用的相当少，对于操作者来说，主要而可靠的手段是张力的调整和轧制策略，或降低轧制速度，这些可能是避免打滑的最有效的方法。综合以上的分析和相关理论，采取上述措施都可以减少打滑现象的出现，冷硬卷厚度控制精度提高，整体板面质量得到有效的提高，减少了因打滑造成的不合格品。

36 冷轧卷错层划伤缺陷成因分析
及改进措施

36.1　引言

冷轧精整 5~6 号线于 2012 年 1 月投产，剪切机组用于生产高牌号无取向电工钢，一条机组年生产能力约为 7.5 万吨。原料钢卷经圆盘剪切边（或不切边）处理后，进行分卷。主要规格 0.15~0.8mm，带宽 750~1300mm，生产大纲见表 36-1。

表 36-1　生产大纲

序号	品种	品　种	厚度/mm	宽度/mm		生产量/t·a⁻¹	
				原料	成品	原料	成品
1	无取向	HNO	0.34	1280	1250	51600	50000
2		HNO	0.48	1020	1000	51550	50000
3		HNO	0.48	1280	1250	52080	50000
合　计						155230	150000

冷轧精整 5~6 线投产的初级阶段，制约冷轧卷产品质量的主要因素是黏结缺陷，后经努力攻关得以遏制。但后来冷轧卷质量又出现新的缺陷，主要有错层划伤。下面主要分析在精整工序中冷轧卷褶皱划伤缺陷的产生原因并提出解决措施。

36.2　冷轧卷错层划伤的特征

通过观察，发现精整 5~6 线冷轧卷产生错层划伤的现象：（1）错层划伤是带钢表面的机械损伤，总是成对出现在接触的带钢表面上，每对划伤方向相反。（2）错层划伤缺陷形态有大有小是典型的"挫伤"形态。（3）错层划伤主要集中在 0.35mm 厚度规格范围。（4）在重分卷机组开卷时，当内卷还有 50~60mm 厚度时，会听见响声，同时剩下的钢卷发生错层划伤。（5）光辊轧制平整时，错层划伤的发生比例相对较多。（6）带钢平整机涂油时，错层划伤的发生比例相对较多。（7）橡胶套筒更换前划伤缺陷概率比橡胶套筒更换后相对较多。

比较典型的冷轧卷错层划伤如图 36-1 所示。

36.3　错层划伤成因分析

一般情况下，钢卷在开卷或卷取时都会有可能产生错层划伤，主要是因为钢卷层间摩擦状态与张力的匹配不合理而产生错层打滑，进而产生带钢的表面划伤。

例如：在卷取时由于助卷器的皮带不紧，在后面的卷取过程中，会产生钢卷内卷再次收紧而产生层间打滑，套筒打滑，内卷张力不够，没有卷紧也会产生同样的问题。通过长

图 36-1 冷轧卷错层划伤

期跟踪分析，产生这种现象的主要原因有：

（1）冷轧卷经罩式炉退火后，都会发生不同程度的松卷，如果采用较大张力开卷将必然产生钢卷的错层，有产生错层划伤的风险。

（2）在重分卷过程的最后几圈，由于钢卷抱紧力的下降，卷筒产生打滑，重分卷后张力严重变小，带钢在夹送辊上出现松弛，会产生打滑，增加夹送辊上辊的磨损，延伸率控制也将严重不准确。

（3）平整液吹扫不净会降低钢卷的层间摩擦系数，增加钢卷松卷的趋势，从而增加重卷开卷划伤的风险。

（4）皮带助卷不紧，则会造成钢卷内圈卷取不紧，往往也会在生产中卷取或开卷时产生错层划伤。

（5）橡胶套筒的使用有一定的寿命，在使用寿命周期的后期，由于抱紧力的降低，会产生打滑现象，导致钢卷卷取不紧，往往会在生产中产生错层划伤。

（6）重分卷机组的入口测速辊，在带钢高速状态下，有旋转不良现象。

36.4 解决措施

根据对冷轧平整线和冷轧精整线的长期观察，可以认为是典型的钢卷层间摩擦状态与张力的匹配不合理而发生错层打滑，产生带钢的表面划伤。通过一段时间的跟踪和查阅资料，制定的解决措施如下：

（1）调整重卷机夹送辊的带钢厚度规格，由原来的 0.3mm 降低到 0.2mm 以下，由于夹送辊的张力分隔作用，开卷张力的波动将不会影响到重卷后张力或影响较小，同时可降低开卷张力。

（2）优化平整机张力控制，开卷机的带钢单位张力不宜过大，一般在 $10N/mm^2$ 左右，但平整时需要较大的带钢后张力，所以要计算张力辊所能产生的最大张力差，充分发挥张力辊的能力。调整卷取机的卷取张力并优化锥度的斜坡时间，卷取张力一般在 $15\sim23N/mm^2$ 范围内，锥度系数 1，锥度的斜坡时间 $5\sim10s$。

（3）改进平整机出口吹扫，调整带钢上下表面喷嘴的空间角度，使喷嘴的喷吹方向接近辊缝位置，同时能将带钢边部带出的平整液吹向带钢的两侧，进一步优化穿带、喷乳化液、打开吹扫系统等动作顺序，确保平整机排尘系统的足够的抽吸力，防止平整液的结露滴落。

（4）采用毛化辊平整，以提高钢卷的层间摩擦系数，降低产生错层划伤的风险。

（5）加强卷取机橡胶套筒的管理，定期进行套筒内外表面的油污清理，同时清理卷筒表面的油污，卷筒进行加油作业后，要进行多次胀径、缩径操作，并不断地将挤出的油脂清理干净，然后再装套筒。并要对使用的橡胶套筒的寿命周期进行统计，确定最佳的更换、报废周期，一般情况下，当橡胶套筒的过钢量达到 10~15 万吨时进行更换。

（6）加强皮带助卷机的维护，要定期对助卷皮带的张紧力进行确认调整，定期清理助卷皮带的表面油污，同时要调整好助卷皮带，钢卷的内圈溢出边不能超过 5mm。

（7）重分卷机组开卷张力的设定不能大于平整机组相对应规格的卷取张力，由于重分卷机组的开卷张力是计算张力，无反馈控制，要保证与计算张力有关参数的准确性，特别是实测速度和卷径计算，对测速辊的维护要到位。

36.5　实际生产效果

从现场的跟踪情况来看，通过一系列措施的落实，很多规格冷轧卷错层划伤缺陷已基本消除，冷轧卷划伤却已由原来的 24.6% 降低到现在的 8.4%，改进前后的实际效果明显。

36.6　结束语

通过采取优化平整机组开卷机的带钢单位张力、卷取机的卷取张力、重分卷机组的开卷张力，改进平整机出口吹扫以及采用毛辊轧制等措施，大幅减少了冷轧卷卷取划伤缺陷，提高了冷轧产品的质量。

37 冷轧隆起缺陷产生原因及解决措施

以 2230 酸轧机组为例，简述板形控制原理，介绍冷轧酸轧连轧机生产中产生的隆起缺陷，分析缺陷产生的原因，以及调整解决措施，用于消除隆起缺陷获得良好产品。

37.1 CVC 冷连轧板形控制情况介绍

随着板带轧机轧制产品的宽度逐渐增加和厚度的逐渐减小，板形质量的控制要求越来越高。板带材沿宽度方向的厚度偏差即横向厚差是影响板形的主要因素，而横向厚差是由于轧辊表面的轮廓形状即辊型所决定的辊缝形状造成的，辊型通常用轧辊辊身的凸度来表示。因此，控制轧辊的凸度，提高辊缝的刚度，可达到控制板形的目的。

2230mm PL-TCM 联合机组，采用 6 辊 CVC 轧机，可以通过中间辊的轴向横移得到最佳的辊缝形状。CVC 窜辊系统在轧制过程中，根据来自二级机的指令而自动动作，或者在换辊期间，根据来自主控室操作工的命令而动作。当轧辊在轧机内到达最终的指定位置后，中间辊窜辊系统将自动锁住中间辊轴承座。轧制过程中，在承受额定载荷和速度的时候，中间辊可以根据指令横移。工作辊 1~4 架使用凸度为 0.075mm 的辊型，5 架使用毛辊辊型为平辊，弯辊可以实现正负弯，支撑辊使用 CVC 补偿辊型。在生产中利用中间辊和工作辊凸度的变化改变辊缝形状，为了保持辊缝形状，在轧辊磨损和出现板形缺陷时利用中间辊和工作辊弯辊正负弯辊力来调节。当工作辊弯辊力接近最大设定值时用中间辊窜辊来实偿，以免对设备的过度使用。系统中使用自动厚度、张力、速度控制和 5 架的自动板形控制，达到控制板形的目的。

2230 酸轧机组，由德国西马克公司负责总设计，TMEIC-GE 负责电气部分，主要包括米巴赫激光焊机、浅槽紊流酸洗技术、CVC 五机架连轧机。产品包括低碳钢和 DP1180 等各钢种系列，产品厚度范围 0.4~2.5mm，成品宽度为 870~2080mm，最高轧制速度 1400m/min，最大轧制力为 33000kN。年产量 230 万吨。

CVC 轧机（连续可变凸度轧机）是德国 SMS 公司于 1980 年发明的。该轧机的研制成功为板形控制技术的发展开辟了新天地。这种轧机主要是由两个轴向可移动的与严格的圆锥体稍有差别的 S 形辊身的工作辊组成。S 形辊的辊颈差和普通辊的凸度值大小相似，两个工作辊形状完全一致，但安放时互置 180°，因而上下辊互补形成一个对称的轧辊辊缝形状，如图 37-1 所示。

在板带钢生产中，轧制钢板的宽度越大，成品板的厚度越薄，则带钢的板形缺陷越严重，尤其用户对汽车钢板、镀锡钢板、硅钢板以及航空铝板等冷轧薄板的平直度又有很高的要求。因此在这些薄板生产中，除了采用计算机实现板厚控制、速度控制、位置控制、温度控制以外，板形控制也是一个不可缺少的环节。

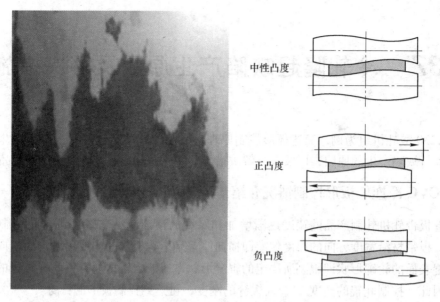

中性凸度

正凸度

负凸度

图 37-1　CVC 轧机

37.2　板形的分类

板形直观地说就是指板材的翘曲程度，实质就是板材内部残余应力的分布。酸轧冷硬卷板形不良会对客户以及后道工序的生产带来很多的麻烦：用户在压力加工时会因压力的加大而造成损坏变形；后道产线在生产时也会造成跑偏、划伤等问题。在酸轧生产中常见的板形缺陷主要包括单边浪、双边浪、中间浪和复合浪等，如图 37-2 所示。产生板形缺陷的主要因素有来料板凸度的变化、轧制力的变化、原始轧辊凸度、板宽度、张力、轧辊接触状态、轧辊热凸度的变化、辊形的磨损、冷却润滑以及轧机轧制参数设定等。

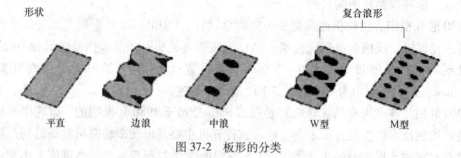

图 37-2　板形的分类

37.3　生产中浪形控制调整方法

37.3.1　自动控制

酸连轧机组的板形检测是靠安装在第 5 机架轧机出口的板形仪来检测得到的。板形仪所检测到的信号为动态信号，将检测得到的信号连续不断地反馈给前面的 5 机架，指示前面的 5 机架进行工作辊正负弯辊、中间辊正负弯、工作辊分段冷却、机架轧辊调平等控制，从而保证钢带获得更好的板形。

37.3.2 手动调整

（1）单边浪的调整。生产中产生此类浪形时要及时查看各机架的张力偏差和板形。如果发现1机架出口带钢张力偏差大或者单边浪，调整轧机 HGC 水平，手动调节1架倾斜，把2机架入口的张力偏差调节到相等后，再看其他机架的偏差，如果偏差不大可以不调节。

（2）中浪的调整。中浪的调整方法是减少弯辊和窜辊，在原料板起车时最快速的方法是提前减小弯辊力和增加轧制力，因为在原料板起车时由于一开始轧件压下小最容易出现中浪缺陷；如果是窄变宽引起的中浪可以提前打手动减少窜辊和弯辊。

（3）双边浪的调整。在轧薄规格时容易出现双边浪，尤其是带尾。调整时当窜辊在两侧时增加中间辊弯辊力，在边浪严重时可以同时增大工作辊弯辊力。如果在窜辊中间时可以增加中间辊弯辊力或增大工作辊弯辊力，同时也可以加大前张力调节双边浪，加大前张力时轧件横向位移减小，即加大前张力减小了金属横向流动，且对边部的影响效果大于对中部的影响效果。

37.4 冷轧隆起缺陷产生原因及解决措施

在宽幅薄规格冷轧卷生产中，经常遇到卷的表面产生隆起缺陷。如图 37-3 所示。

图 37-3 隆起缺陷

通过观察，隆起缺陷严重程度不一，包括侧视可见的轻微手感的隆起，以及打磨可见的手感严重的隆起，甚至严重到隆起位置出现严重横向厚差。

37.4.1 冷轧隆起缺陷产生原因

冷轧隆起缺陷的产生主要有以下原因造成：

（1）热轧来料的影响。从检查中发现，有些隆起在热轧原料中就有体现，并且非常严重，这种缺陷主要是原料存在横向厚差，在冷轧中带钢减薄，单只厚差依然存在，因此在经过冷轧生产卷曲后，依然表现出隆起。如图 37-4 所示。

图 37-4　热轧原料隆起

（2）轧制工作中轧制条件的突然变化。轧制过程中轧辊磨损不均、轧辊冷却不均、板形控制不良等原因，导致带钢产生浪形缺陷，卷取机卷曲后浪形叠加产生局部隆起。

（3）轧制规程不合理。主要产生在宽薄规格，只要是由于轧制过程中设定和控制不合理，使机架间有严重的中间浪形，都会导致产生隆起。根据轧制过程中最小阻力定律，带钢在轧制过程中产生中间浪后进入下一个机架时，是向两侧流动，但是在冷轧中是采用大张力轧制，因此边部会限制宽展，所以会带钢会在两侧肋部产生堆积，表现出类似起筋的隆起，如图 37-5 所示。

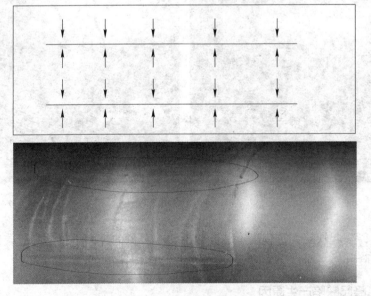

图 37-5　类似起筋的隆起

37.4.2 隆起缺陷解的控制措施

（1）严格控制原料质量，保证原料横向厚差在标准范围内，凸度控制在 $80\mu m$ 以下，原料的凸度楔形对冷轧成品上有遗传，不能完全消除。特别是横向局部高点，冷轧生产后一定会产生隆起，因此原料质量十分重要。

（2）加强设备测量和维护，提高板形检测精度，完善自动板形控制（AFC），保证轧机生产中，辊缝在可控范围内，定时清理乳化液喷嘴，保证五机架乳化液分点冷却良好，消除轧辊异常磨损和局部热凸度，生产出良好板形。

（3）通过优化二级设定参数，一是降低初始板形的中浪，二是适当降低机架间张力，特别是4—5机架间张力，因为随着压下增大，板材变薄更容易出现板形缺陷，生产中及时调整弯辊、窜辊倾斜等，保证轧制过程中机架间也获得良好板形，避免出现严重堆积现象。

37.5 结束语

可以看出，冷轧连轧机出现隆起缺陷主要有两方面原因：（1）原料存在横向厚差局部高点，冷轧生产后遗传下来导致出现隆起缺陷，此缺陷后道工序无法消除。（2）冷轧生产中由于原料和控制导致产生浪行，卷曲后浪行累积产生隆起，此类缺陷后道产线退火后能部分消除板形缺陷，从而减轻或消除。

冷轧产品要求尺寸精度高，板形好，设备的自动化程度也高，但在生产中不能完全靠自动调整来保证板形时，人工调整成了在特殊情况下控制板形的一种手段，要想得到良好的板形还要操作人员对系统控制不断进行学习和积累参数。

冷轧产生的隆起缺陷还有许多复杂的原因，上述分析中缺陷的原因和调整，可以为以后处理冷硬卷隆起缺陷提供思路，生产出合格的产品。

38　冷轧罩退卷擦划伤缺陷产生原因及控制措施

冷轧带钢表面质量是带钢质量中很重要的一个方面，它是企业轧钢技术水平的体现，也是产品品牌的缩影。在钢铁产品的生产和销售中，由于带钢表面质量发生的质量异议占到全部质量异议的绝大多数，它不仅会对企业的直接经济效益造成影响，还会损害企业的整体形象和信誉，降低产品的市场竞争力。因此，公司对带钢表面质量特别重视，不断从各方面采取有效措施加以改进和提高。

投产初期，擦划伤缺陷是冷轧罩退产品最突出的主要缺陷，出现最多，冷轧罩退产品表面的擦划伤多种多样且在整卷钢卷上都有可能分布，并由于其形状多，有些擦划伤缺陷又易与其他缺陷混淆，很不好判定。

罩退作业区从投产至今，冷轧卷产品出现了几次大批量擦划伤缺陷，给公司带来巨大损失。

以下是对罩退作业区擦划伤缺陷的简单统计及分析。选取今年2月份典型卷做统计分析，见表38-1。

表 38-1　带尾擦划伤切损（典型产品）实际记录值

卷	厚度/mm	宽度/mm	质量/t	切损（平均）		其中未平整部分		影响成材率	
				质量/t	长度/mm	质量/t	长度/mm	增加切损量/mm	影响成材率/%
卷1	0.5	1250	24000	278	57	98	20	180	0.75
卷2	0.8	1250	24000	317	40	118	15	199	0.83
卷3	1.5	1250	24000	446	30	221	15	225	0.94%
卷4	2	1250	24000	556	28	353	18	203	0.84%
卷5	2.5	1250	24000	670	27	442	18	228	0.95%

表38-1中选取薄厚不等的卷做统计计算，其中切损质量源自重卷生产记录实际值，未平整长度源自平整实际生产值。从表中可以看出，出现擦划伤的卷，基本上是带尾30～60m，质量影响（剔除未平整后）约为200kg左右，单卷影响成材率约0.75%～0.95%。另外2月份发生整卷划伤的质量事故共三起，三大卷共69.72t，统计全月擦划伤切损约254.9t，2月份产量32000t，直接影响全月成材率0.8%。

通过大量的现场跟踪，归纳出了冷轧罩退板卷擦划伤缺陷产生的规律和原因，以期能在以后生产中能够迅速准确地找出冷轧罩退板卷擦划伤产生缺陷的根源，从而减少和降低冷轧罩退板卷擦划伤缺陷所造成损失，提高产品质量。

简单介绍平整机至重卷工艺流程：平整机接到罩式炉退火卷后，对其进行平整处理，平整后，由出口小车卸卷，将钢卷运至打包机处，进行打包，再由小车将钢卷运至十字鞍座，再由出口步进梁运至地秤处，进行称重，然后天车将钢卷吊至重卷，重卷会根据订单对钢卷进行分卷、涂油、切边及表面检查。

擦划伤有几种，图38-1~图38-4所示是在实际生产中观察到的擦划伤缺陷。

图38-1　擦划伤1

图38-2　擦划伤2

图38-3　擦划伤3

图38-4　擦划伤4

在实际生产中观察，图38-1、图38-2、图38-4擦划伤多发生于带钢头尾部，上下表面均有出现；图38-3擦划伤多发生于带钢中部，下表面，甚至整卷分布。

带钢头部出现划伤多为带钢层间错动引起，如图38-2、图38-4所示。产生层间错动的原因为：上道工序（指平整机）在甩尾时，带尾失张，造成钢卷外圈松圈，或是在打捆时，打捆不紧，天车吊运过程中，外圈松动（多发生在较厚规格产品），重卷在开卷时，外圈出现层间错动，造成擦划伤。解决方法：平整机出口在甩尾时，加大压尾辊的压力，打捆时，尽量打紧，使带尾不松圈。

带钢尾部出现划伤，同样是由于层间错动引起。带钢尾部出现层间错动的原因为：平整机在穿带时同时建张，此时平整机的卷曲张力比正常平整时要大，造成带头几圈层间错动，出现划伤，或是卷取机在卸卷时，卷芯抽芯，造成卷芯损坏（指内圈变小），重卷在上到开卷机上时，开卷机胀径不到位，重卷转车过程中，钢卷卷芯部分出现塔形，可以肯定，出现塔形的部分，肯定出现了层间错动，如图38-5所示。

图 38-5　层间错动

只要是出现层间错动，肯定会出现不同程度的划伤。

解决带尾划伤的方法：优化平整机穿带时的张力，加强对现场操作人员的管理，精心操作，勤观察，发现异常及时处理，处理不了的，造成卷芯损坏的，重卷在上线前，尽量将卷芯损坏部分切除，若像图 38-5 中所示，卷芯损坏严重，重卷只能采取降速生产，以期将出现塔形部分降到最少，将出现划伤部分减少到最少。

带中出现划伤多为下表面，主要是生产线上有异物，或者有设备未到位造成，主要表现为沿带钢长度方向分布，呈连续或断续状。下面介绍几次发生在实际生产中的划伤质量事故案例（只针对罩退重卷）。

【案例 38-1】　重卷入口操作人员在将带头脏污部分切除时，在入口剪处，切出一个相对较小的窄条，且没有掉入废钢斗，卡在入口剪与剪后翻板处，窄条有一角突出在生产线上，操作人员未确认，造成此卷钢下表面有一道沿带钢长度方向通长的划伤。

【案例 38-2】　同样为重卷入口操作人员，在上一卷钢甩尾后，未将矫直辊放下，下一卷钢在开卷时，同样未确认，使带钢在矫直辊下方穿过，带钢在穿过矫直辊后，由于受到矫直辊的压制，下表面与生产线上的台板发生剐蹭，造成整卷带钢下表面整板面划伤。

【案例 38-3】　在生产线上布置有很多台板，由平头螺栓固定在台架上，由于生产时产生的震动，有一枚螺栓松动，高于生产水平面一点儿，重卷在生产时，带钢会有一定的震颤，随速度的增加而增加，带钢与突出的螺栓会有间断接触，造成带钢下表面在宽度方向上的同一位置沿长度方向出现间断划伤，重卷生产速度越高，其周期就越长，也就越不好发现。

【案例 38-4】　设备同样能造成划伤，入口剪在切除带头脏污部分后，由于机械故障，下剪刃未下降到下极限位，在生产过程中，带钢与剪刃剐蹭，造成下表面划伤。

以上4件案例均在实际生产中发生过，且案例38-3、案例38-4还造成了上百吨的协议品，给公司带来巨大损失。

对于整卷划伤，前面提到的卷芯损坏，重卷上线后，芯轴胀径不到位，若不注意生产速度，同样会造成整卷塔形，从而造成整卷的层间错动，使带钢出现整卷的划伤。如图38-6所示。

图 38-6　整卷的划伤

从图38-6中可以发现，重卷在生产卷芯松的卷时，芯轴会慢慢胀紧，但是它是以整卷层间错动为代价的，所以在上卷前，卷芯能处理好的，一定要处理好，力争将损失降到最低。

在实际生产中，会遇到一些与擦划伤类似的缺陷，下面进行简单介绍。实际上，由于层间错动产生的划伤，也可以称之为挫伤，挫伤更形象，这种挫伤与罩退另一种特有缺陷非常容易混淆，那就是黏结，尤其是在带钢宽度方向上分布的条状黏结，又称为结条痕，光凭肉眼观察，两个缺陷不管是形态还是色差，都非常相像。这时，为了更准确地判断为何种缺陷，就需要用手去触摸，黏结缺陷在罩式炉产生，平整机对退火卷实际上是一次压力加工，黏结缺陷经过平整机的加工后，再用手去触摸时，虽然能摸出麻面，但不会特别刺手，而挫伤由于是平整机后出现的，用手去触摸时会感觉刺手，在重卷，通常情况下，上表面的挫伤，用手向开卷机方向触摸比向卷曲机方向触摸更刺手。下表面则反之。

分析出擦划伤产生的原因后可以看出，所有擦划伤缺陷都可以人为控制，不管是工艺的，还是设备的，所以可以说擦划伤最根本的解决办法在人。

擦划伤缺陷的控制措施：加强生产操作人员的管理，利用班中待料或班余时间，组织职工进行典型事故案例的学习，使之在以后的生产中不出现类似事故，每天了解每一名职工的思想动态及身体状况，根据实际情况，具体布置当天工作重点，根据每名职工的特点，分别定员在合适的岗位上，制定相应的奖惩机制，公开公正公平，使职工相互竞争，调动起积极性，及时传达学习新的作业区生产经营指标，总结上月生产经营指标完成情况，尤其对质量情况的总结，找出不足及时改善。

效果：通过对人的状态控制，使每一名生产操作人员充分负起责任，根据岗位，细化分工，从2017年3月份开始，擦划伤缺陷在逐月减少，5~7三个月份未发生整卷擦划伤缺陷，并且擦划伤缺陷已经不作为造成切损的主要缺陷。为公司大幅度降低损失，同时为用户提供更好的合格产品。

39 平整机带钢表面擦划伤的产生与控制措施

39.1 引言

冷轧板厂平整机组采用单机架四辊轧机，设有工作辊正负弯辊装置，干湿平整装置，入出口设有张力辊，可采取张力分段控制。轧制控制采用恒轧制压力模式或恒延伸率控制模式，延伸率由张力辊间接测量得出。冷轧厂建厂以来，擦划伤缺陷是影响带钢表面质量的主要问题之一，虽然随着设备的反复磨合和操作的逐渐熟练，擦划伤缺陷有所降低，但是相比其他冷轧板厂比值仍偏高。为此，对平整机组钢板表面擦划伤缺陷影响因素和规律进行了探讨分析。

从罩式退火炉来的退火卷存放在罩退后库（就是平整前库）。用车间天车将钢卷吊装到入口 1 号步进梁上，然后翻钢机将立卷翻成卧卷，1 号钢卷小车从翻钢机上将钢卷移出放在旋转托辊上，然后人工拆除捆带，1 号钢卷车将其运送到 2 号步进梁的入口鞍座上，运送过程中钢卷宽度和高度自动进行对中，使钢卷准确地停放在预开卷机的中心位置。随后，2 号步进梁将钢卷运送到输出鞍座上。2 号钢卷车取卷，运送到开卷机开卷。运送过程中自动进行高度和宽度测量，卷筒胀径，压辊压下。

开卷机、压辊同时转动向入口张力辊送料，带钢通过开卷器导板进入张力辊。带钢头部到达下张力辊时，下张力辊摆起压紧带钢，使带头顺利进入 S 辊弧形导板，送到上张力辊顶部，上张力辊摆下压紧带钢，带钢继续以喂料速度进入平整机。当带钢到达出口张力辊时，上压辊摆下压紧带钢，带头一直穿带至出口处，下压辊摆上压紧带钢。开卷机、入口张力辊、平整机继续同步向前送料，一直喂入卷取机卷筒处。卷取机转动，绕三四圈后，助卷器皮带松开，摆臂打开，出口穿带导板摆下。开卷机压辊、入口张力辊的上下压辊、出口张力辊的上下压辊均抬起、摆开。

当机组建立张力，加速到所要求的平整速度时，开始进行稳定平整轧制带钢。最后机组停车，出口剪切断带钢尾部，压辊摆下压紧带钢，防皱辊、防颤辊落回下限，出口导板摆起，卷取机压辊压住带尾；出口小车的鞍座升起拖住钢卷，然后钢卷车和卷取机推板共同卸下钢卷，打捆、称重送到平整后库。

39.2 擦划伤基本情况概述

平整机组擦划伤平均每月在 100t 左右，严重影响作业区与分厂的质量完成进度。平整机组擦划伤的关键原因为带头钢卷层间发生错动，主要表现为带钢沿轧制方向大小不一的沟、槽、擦伤，缺陷呈开放或封闭状态，不含非金属夹杂物或氧化铁皮夹杂，可分布在带钢的上下表面，平行于轧制方向，连续或断续，疏密不一，无一定规律，平整后产生的划伤有毛刺，呈金属亮色。

39.3　擦划伤原因分析

平整机组擦划伤切损量平均每月在100t左右，严重影响作业区与分厂的生产计划指标完成进度。平整机组擦划伤的关键原因为带头钢卷层间发生错动所致。下面运用鱼刺图分析擦划伤缺陷的产生原因，如图39-1所示。

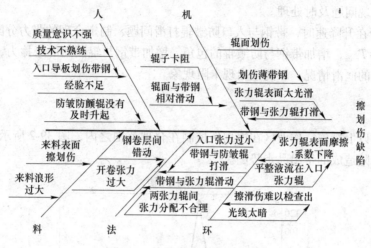

图 39-1　擦划伤缺陷原因分析图

针对图 39-1 所列的 12 条原因，经过生产实践逐一试证，找出影响带钢擦划伤的主要原因。

（1）轧机卷取张力过小或波动，平整开卷张力过大，造成厚度 1.2mm 以上的钢卷尾部产生层与层间错动、摩擦而形成点状擦划伤。

（2）轧制过程中，入出口张力辊由于表面粗糙度过低，或沾有平整液和油污降低了张力辊和带钢间的摩擦系数，造成带钢与其打滑而形成擦伤。

（3）生产钢卷的宽度规格变化，在轧制一定量的钢卷后，入口防皱辊在带钢对应的边部有明显划痕而辊面损伤，在轧制较宽带钢，特别是厚度在 0.6mm 以下的薄带钢时，带钢下表面会出现对应的划痕。

（4）入口段张力过小，带钢在升降速时与入口防皱辊之间的相互作用力不够导致带钢与辊面打滑，擦伤带钢下表面。

39.4　擦划伤解决措施

针对产生擦划伤的上述原因，采取以下措施：

（1）采用较低的开卷张力，使之与轧机的卷取张力尽量匹配，一般平整机组的开卷张力小于轧机的卷取张力的 60%，操作时严格执行张力工艺制度。轧制时，发现带钢抖动，立即减速，直到带钢运行平稳为止。

（2）针对平整机组张力辊表面粗糙度低，磨损周期短的问题，对张力辊表面毛化，并在其表面喷涂耐磨材料。定期检查更换张力辊，保持辊面粗糙度 $Ra > 2.0\mu m$，以防止带钢与辊面打滑；在张力辊使用一段时间后，辊面粗糙度降低，对于张力波动较大的钢卷，轧制时需要限速。

（3）辊面沾有平整液，易打滑，采取在张力辊表面开槽。这样平整液就不会黏附在张力辊表面。

（4）对于入口来料板形不良、边部质量差、防皱辊表面易磨损等问题，采取在防皱辊表面镀铬硬化处理，增加其耐磨性。开机前及时检查所有辅助设备是否干净、光滑、无变形或破损，发现问题及时处理。

（5）对于在升降速时，带钢与入口防皱辊打滑问题，制定合理的张力分配制度。根据欧拉公式 $\Delta T = T_{eeua}$，增加带钢与防皱辊的包角，增加带钢与辊面间的摩擦力，同时定期检查防皱辊轴承的润滑情况，以防止出现卡阻现象。

39.5　效果

通过采取以上措施，作业区在擦划伤控制在合理范围之内，图 39-2 所示是 2012 年全年因擦划伤缺陷造成的带出品走势图。

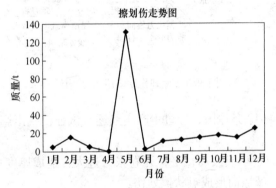

图 39-2　因擦划伤缺陷造成的带出品走势图

39.6　结束语

采取上述措施，平整机组擦划伤缺陷得到有效控制。随着用户对钢板表面质量要求日益提高，以后将进一步优化平整机组的生产工艺，减少钢卷缺陷，提高钢卷表面质量。

40 热轧带钢边部增厚带来的冷轧边部隆起缺陷问题

40.1 引言

"隆起"缺陷，就是指带材在卷取过程中由于局部高点等局部特性逐层累加而在钢卷表面形成的鼓包现象。"隆起"的直接后果是使钢卷打开后带材产生附加浪形，不能满足级别较高的镀锌板和订单级别高的汽车板和家电板，造成产品降级。

公司建有1580mm和2250mm两条热轧生产线，主要以生产品种钢和冷轧用钢为主，其中冷轧用钢比例已经达到90%，冷轧用钢是这两条生产线的主要产品。在冷轧板的生产过程中，有时出现隆起的表面质量缺陷，其产生原因比较复杂，严重影响冷轧后续加工，隆起缺陷造成的带出品逐月增加。下面对冷轧料表面隆起缺陷进行深入研究并提出改进措施。

40.2 冷轧生产工艺流程

在连续酸洗线的入口段，布置了热轧卷准备及运输系统，由步进梁式钢卷输送机、中间小车、上卷小车和钢卷对中装置组成。酸洗入口段由两组开卷机、直头机、双切剪和一台激光焊接机组成。上下通道开卷可实现连续供卷。激光焊机的功能就是把前后带钢头尾焊接在一起，以保证带钢在酸轧机组中连续通过。在酸洗线的酸洗入口段和酸洗段之间，布置了入口活套，目的是当激光焊机焊接时，可以连续不间断地供应带钢进入酸洗段，保证酸洗质量。在酸洗入口段布置了拉矫机，通过两弯一矫，破裂带钢表面的氧化铁皮提高酸洗效果，并改善热轧来料板形。为了除去热轧硅钢表面的氧化铁皮，酸洗段设计成浅槽紊流酸洗。酸洗后的带钢经过漂洗段和干燥器后进入1号出口活套后再进入切边段。切边剪布置在酸洗段和连轧机段之间，通过1号出口活套和2号出口活套来确保切边处理缺陷或剪刀更换以及轧机换辊时酸洗段的连续运行。在连轧机入口，布置了快速响应、高带钢张力装置以及双纠偏对中系统，使带钢中心线与轧制中心线重合，确保轧制过程稳定。冷连轧机组由五架CVC轧机组成，可实现高刚度、大压下量轧制，具有在有带钢和无带钢状态下自动换辊的功能。在轧机出口布置了转鼓飞剪、皮带助卷器和卡罗塞尔张力卷取机，确保连续稳定的卷取，接着是卸卷小车、出口步进梁、钢卷称重和钢卷打捆机组成的钢卷运输系统。

40.3 隆起缺陷成因分析

冷轧钢卷凸包缺陷的研究结果表明，带钢沿轧制方向存在的局部高点或带状局部小浪形是形成冷轧钢卷凸包缺陷的两个根本原因。多数人认为凸包缺陷原因是热轧精轧机组工作辊的局部磨损造成的带钢局部高点，也有人认为凸包缺陷可由冷轧带钢存在带状局部浪形卷取后形成表面出现批量性的边部隆起缺陷。通过现场统计研究隆起的部位、特征，透彻并系统地分析热轧、冷轧工艺过程找出了其关键的内在影响因素，冷轧薄板隆起缺陷主要与其表面的局部高点有关，对这种局部高点的产生机理进行解析。

　　从图 40-1~图 40-3 中能够看出凸包的位置存在局部增厚的现象，因此冷轧带钢局部增厚现象是由于热轧来料本身就存在局部增厚现象，而不是冷轧过程中产生的。

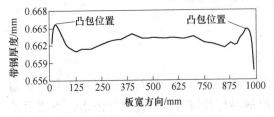

图 40-1　冷轧带钢厚度横向分布

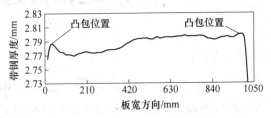

图 40-2　热轧带钢厚度横向分布

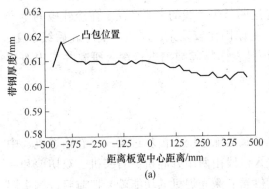

(a)

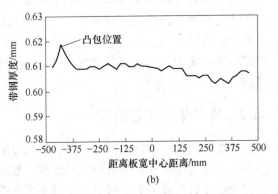

(b)

图 40-3　带钢厚度横向分布

（a）头部；（b）尾部

40.4　隆起的控制措施

　　（1）合理编排轧制计划，工艺上要求严格按照"由宽到窄"编排轧制计划，减少同宽度的轧制量，有利于减小带钢边部工作辊的局部磨损。

　　（2）控制精轧机组工作辊热凸度。在轧制过程中，控制工作辊热凸度有利于抑制带钢边部增厚现象的出现。现场在保证工作辊边部冷却效果的前提下，增大中部冷却水量，相对减小边部冷却水量，从而控制工作辊热凸度。另外，控制轧制节奏也是减小工作辊热凸度的有效手段，对于容易出现边部增厚的带钢，现场将轧制间隙延长，更加有效地控制工作辊热凸度。

　　（3）优化精轧机组工作辊辊型曲线。工作辊辊型是决定轧机负载辊缝形状的重要因素，对带钢断面形状影响较大。对于热带钢连轧机，由于工作辊冷却水量不能满足工艺要求以及轧制间隙时间也不能过长，因此现场采用合适的负凸度辊型曲线部分抵消工作辊热凸度的措施来抑制带钢边部增厚的出现。

　　（4）解决工作辊润滑轧制和冷却不均问题。按制度对轧线工作辊冷却水系统和轧制润滑系统进行清理和维护，避免轧制润滑喷嘴及工作辊冷却喷嘴堵塞造成工作辊局部磨损严重，从而在带钢上形成局部增厚。

（5）控制较大的热卷凸度值，并有效降低楔形值，可抑制起筋、隆起。热轧带钢的边部与中部区域存在明显的温度梯度和相变行为的差异，导致带钢的边部区域积聚残余应力。

（6）冷轧轧机出口卷取控制板形，保证粗糙度的情况下适当降低5机架单位轧制力，都能够得到良好的板形。

（7）合理编排计划，合理使用辊期，把易出现隆起规格的卷排在轧辊前期生产，减小因轧辊辊面粗糙度降低造成的不良板形。

40.5　结束语

热轧工序采取合理编排轧制计划、控制精轧机组工作辊热凸度、优化精轧机组工作辊辊型曲线以及工作辊润滑轧制和冷却不均等技术措施，有效解决热轧带钢边部增厚带来的冷轧边部隆起缺陷问题，创造良好的经济效益。

41 酸轧作业区 **F1** 机架轴承座脱落故障分析

41.1 事故经过

2012 年 8 月 29 日中班 17：40，轧机 F1 发生勒辊后在对该架工作辊更换过程中发生了驱动侧轴承座的脱落事故，并造成如下后果：（1）上工作辊驱动侧轴承座 11TD103 遗留在了机架内。（2）在换辊车内，上辊 1411009 直接掉落在了下辊上，如图 41-1 所示。（3）换辊车内的下辊，其驱动侧轴承座也在卡环掉落后往外滑移了一段距离。

故障发生后，轧机及时联系点检、维检进行了处理，并从机架内下中间辊驱动侧轴承座上面拣到卡环一只，如图 41-2 所示。后至 20：15 处理完毕起车，前后共造成停机 2h35min。

　　　　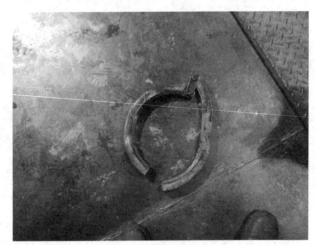

图 41-1　上辊掉落在下辊上　　　　　　　　　　图 41-2　卡环

41.2 事后调查

经对有关换辊记录的查阅可以确认，8 月 29 日 17：35，F1 架非焊缝断带勒辊后因无新辊可备，磨辊间将当日 10：36 自 F2 到产下机的旧辊重新备回了 F1，启车后至 17：40，再次因勒辊急需更换 F1 架工作辊，这时在抽辊过程中发生了上述工作辊轴承座的脱落事故。

41.3 事故原因分析

首先，通过 8 月 30 日下午的分析会可以明确，本次掉座故障的发生，是在无新辊可备的情况下，为减少勒辊故障的停机时间，二次使用下机旧辊时发生的。关于无新辊可备，主要可能由三方面因素造成：（1）故障换辊频繁的情况下，因装配人员到位不及时，造成了新辊装配不及时。（2）故障换辊量过于集中且人员到位的情况下，客观上因为磨后新辊准备不足或装配工时过紧造成了新辊装配不及时。(3) 因近期卡环备件短缺导致投入的轴承座数量较少，造成了装辊工作量过于紧张，从而导致了新辊装配不及时。

其次，据酸轧作业区在 8 月 30 日下午分析会上的介绍，旧辊的二次使用是在换辊频繁情况下，无新装备辊时为减少停机时间的应急方案，此前也曾多次这样实施过。

所以综上，不管这次无新辊的主要原因是不是因为卡环短缺造成的（事实上卡环短缺仅是近一个月的事，况且除此之外还有别的原因可能造成备辊不及时），在旧辊的二次使用方面都暴露出了一个漏洞，即缺少装配人员的检查确认，如检查准备上机的旧辊的轴承座卡环是不是开焊、松动或者是否已被拆掉，滑板是不是残缺，快速接头功能是不是正常等，因为只要轧辊上机使用了这些情况就有可能发生，只要旧辊吊回磨辊间了就有可能有装配人员动过，况且由于这些检查都是通过手摸或视觉检查就可以做到的，所以不会超过3min，还是比拆装一对新辊要快。特别是在近几个月的时间，上机新辊都已多次发生卡环损坏脱落及明知当下卡环短缺的情况下，检查环节尤为重要。检查确认的缺失无疑增大了故障发生的概率，每一次是否发生可能是概率事件，长期来看就会是一种必然。

41.4　事故预防和处理措施

(1) 建议专业部门将轧辊拆装、检修等工作纳入制度化管理，必要的责任、必要的流程和内容、标准等均要进一步明确。

(2) 建议维检加强轧辊装配班组的管理，强化各班组对轧辊装配及时性和装配质量的重视程度，技术标准要严格执行，交接班、工作与休息、吃饭等各方面合理安排，接到磨辊间装辊通知要及时到位，对磨辊间的装辊指令在安全的基础上要不讲条件地执行。

(3) 加强备件的管理和准备，避免备件到货不及时对生产造成影响。

(4) 加强作业区及专业部门之间的沟通，对于突发情况、新情况、新问题等加强沟通，如产线或技术部门出台的应急预案在涉及第三方时可以通过沟通使之更加完善，弥补管理环节的漏洞。

(5) 建议产线或技术部等专业部门，通过各种措施，降低断带、勒辊等严重轧辊故障的发生率。

(6) 将工作流程中，上下游之间的协作、沟通和相互监督提出制度化要求，以便加强下游对上游工作质量的检查确认和反馈等。

42 轧机震纹分析及处理

42.1 事故经过

2012 年 12 月 24 日 17：25，在酸轧作业区离线发现带钢上表面中心距操作侧 400mm 目视可见无手感震纹（宽度 80mm 的横纹，间距 20mm 左右），根据经验当班更换 F4 工作辊、中间辊，F5 工作辊，上离线检查震纹未消失。停机在离线检查和出口步进梁目视可见震纹，如图 42-1、图 42-2 所示；再进行机架间检查，F1～F3 机架后未发现震纹、F4 机架变形区前后未发现震纹，但 F4 压辊后存在震纹，盘查测张辊及压辊状态（正常）。期间 5 次停机检查震纹来源，并采取更改轧制策略、更换 F4 工作辊及中间辊 F5 工作辊、更换 F1 工作辊、更换 F1 压下伺服阀模式、F4 压下伺服阀模式等多种措施，震纹未消除，直至 22：15 因周期 1800mm 上表面中心向操作侧延伸 410mm 铬印更换 F3 机架工作辊，同时 F4、F5 机架因家电板倒产更换，震纹完全消失。

图 42-1　机架后震纹　 图 42-2　步进梁震纹

12 月 30 日夜班生产过程中出现操作侧横向震纹，先后更换 F4 工作辊、F3 工作辊和中间辊、F5 工作辊，震纹没有消失，最后抽出 F4 中间辊检查没有损伤，并更换 F4 工作辊后，震纹消失。

42.2 事故原因分析

（1）25 日检查换下的 F4 工作辊，没有发现震纹；F3 工作辊在第二天检查时已磨削，据班长反映磨削时没有发现震纹，但从问题经过分析，初步分析是 F3 机架产生震纹。

（2）24 日震纹是操作侧宽度 80mm 的横纹，间距 20mm 左右，因此震纹是带钢在上下方向受力不均造成，而不是长度方向造成（长度方向受摩擦力大会产生划伤）。带钢在上下受力不均的可能因素是轧辊在轴承座内跳动大；控制压下、平衡、弯辊的液压系统（压力、流量、伺服阀等）波动、检测压下行程的传感器检测精度，目前对此没有可测量或观测的数据，需要进行跟踪。

（3）班中停机检查没有发现 F3 产生震纹，主要原因是停机时轧机速度降低，F3 轧机震动减小没有产生震纹，已产生震纹的带钢已到 F4 后，造成查找震纹缺陷时判断不准确。

（4）根据 12 月 30 日震纹处理的经过，进一步锁定是控制中间辊的弯辊、窜辊和平衡缸其中的一种伺服阀控制的液压缸使中间辊受力不均传递到工作辊及带钢产生震纹，即使没有更换中间辊，但抽出中间辊检查，使控制中间辊的弯辊、窜辊和平衡缸得到复位，再装回原中间辊（检查辊面无损伤）和新工作辊（工作辊辊面受损，需要更换）后，震纹消失。

42.3　事故预防和处理措施

（1）根据经验，振纹主要出现在 F4 及 F3、F5，出现震纹后，先停机检查机架间震纹产生的机架，再抽出该架工作辊确定辊面是否有对应的震纹，如果有震纹，则更换该架的工作辊和中间辊（若中间辊辊面没有损伤也可以不换，但必须抽出中间辊使中间辊的液压系统复位）。如果抽出检查机架的工作辊面没有震纹，则检查其他机架工作辊面及换辊。

（2）需要进一步分析确定产生的震纹的根源，并采取有效措施。

（3）与离线质检人员沟通，在步进梁测量宽度时注意检查钢卷表面，发现震纹及时通知轧机采取措施。

（4）根据技术部通知，需要磨辊间暂时封存产生震纹机架的轧辊（见相应技术通知单）。

43 重卷机组出口段设备优化

43.1 引言

冷轧部罩退项目投产两年多来，产量由刚开始的每月几千吨增加到现在的每月 45000t（罩退的设计能力年产 60 万吨）。每个机组的生产负荷及压力都很大，每个机组也都想尽一切办法优化本组设备已达到提高产量的目的。其中重卷机组出口段设备通过技术改造，有很大的提升空间。下面介绍重卷机组的工作及出口段的改造内容。

43.2 重卷生产线作用

本机组用于退火平整后的冷轧钢卷重卷处理，主要功能是将带钢切成成品宽度、剪切头尾、分卷、涂油等。

43.3 机组生产工艺过程简述及现状

平整完成之后的钢卷由天车放置在入口 1 号鞍座（靠近开卷机的为 2 号、远离开卷机的为 1 号）。吊放钢卷时，要注意带钢头部的位置，站在操作侧，带钢从外圈向内圈缠绕方向应该是逆时针方向。上卷小车从钢卷存放固定鞍座上将钢卷托起并运至开卷机卷筒上。上卷过程由自动操作完成（分高度对中和宽度对中自动步）。本重卷机组采用上开卷方式。完成上卷后，开卷机轴头支承上升至工作位置、开卷机卷筒胀径、压辊压下、小车下降。

捆带在钢卷鞍座上通过人工手动拆除。开卷机开卷时，入口转向夹送辊的摆动导板摆起至工作位置。点动开卷机及其压辊，使带头沿导板进入入口转向夹送辊，开卷机 CPC 投入工作（在开卷过程中 CPC 投入工作是为了使有切边的带钢进入切边剪时带钢是在机组的中心位置），入口转向夹送辊的上辊压下压住带材，导板摆下。点动开卷机和入口转向夹送辊，使带材继续前进进入切头剪，完成带卷的开头。

带头剪切时，首先设定切头长度，人工发出指令后，控制系统将自动完成定长送料和剪切过程。剪下的废料头掉到后面的废料斗中，装满后由废料小车拖出走走。剪后的带钢经稳定辊后（如果切边时带头进入圆盘剪进行剪边，圆盘剪出口有去毛刺辊，消除剪边所产生的毛刺）。

带钢继续前进通过检查台、分切剪、经出口转向夹送辊后通过摆动导板进入到卷取机卷筒和助卷器皮带之间。卷筒转动 3 圈，助卷器抱臂打开，助卷器小车向后移动，导板台摆下穿带过程完成。机组便可加速到所设定的运行速度。在机组运行过程中，开卷机可自动浮动对中（CPC），圆盘剪入口稳定辊使带钢平稳进入圆盘剪，卷取机通过 EPC 装置使带钢齐边卷取。

机组联动工作时，开取机为恒线速度工作状态，是机组的速度基准。卷取机处于工作张力状态，与开卷机共同产生卷取张力。

当卷取机上的带材卷取重量（或长度）接近设定值时，机组的卷重（测长）计量系统控制机组自动减速停机。

机组停机后，卷取机压辊压住带卷，分切剪进行剪切，卷取机点动收尾，卸卷小车的鞍座升起，V形鞍座压住带材，卷取机卷筒缩径后卸卷小车托住带卷向存料台方向横移。当卸卷小车到达出口钢卷交接鞍座位置时，小车的鞍座下降，将钢卷放到交接鞍座上，如图43-1所示。

以前钢卷分切后，按自动卸卷按钮运卷小车从1号鞍座横向移动到卷取机位，然后运卷小车升起拖住钢卷横移回到1号鞍座完成卸卷过程，钢卷在1号鞍座进行称重、打捆等工作之后由运卷小车运到2号鞍座，再由天车吊到包装区域进行包装。

其实卸卷过程可以让运卷小车在卷取机位等待，钢卷分切后运卷小车直接升起减少了从1号鞍座向卷取机位横移的时间（约10s）。一大卷到重卷一般情况分三卷，生产一大卷也就是说节省下30s。现已优化完成。优化完成后正如之前所预料的，大大地减少了每个大卷的生产时间。

图 43-1 交接鞍座

43.4 核心设备——卷取机

在罩退—重卷机组的设备中，卷取机可以说是核心设备。因为最终的产品质量控制全部在卷取机上体现出来。例如稳定的张力控制、钢卷边部整齐度等。在生产过程中，卷取机卷取之前的卷取准备的质量及速度直接影响重卷的产品质量及生产节奏。

43.4.1 卷取机的基本特点

目前冷轧带钢的卷取绝大多数采用卷筒式卷取机，其设备配置简单，主要由卷筒及其传动系统、助卷器、压辊、外支撑及卸卷装置组成。像重卷这类后处理生产线一般都会采用精整卷取机，主要是考虑后处理生产线不会涉及大张力，精整卷取机足够保证生产要求。

冷带钢卷取突出的一个特点就是采用较大张力（相对热轧），并且张力的稳定性决定了卷取钢卷的质量，会对下一道生产工序的开卷机产生较大影响。因此，冷带钢卷取机都会采用高精度变频电机驱动。确保在生产过程中张力控制的稳定性。

冷带钢卷取的第二个特点就是带钢表面质量，因此，在选取卷筒形状时必须考虑表面质量。以重卷生产线为例，重卷是冷带钢生产的最后一道工序，为确保卷取后带钢表面质量，一般都会采用橡胶套筒，防止钢套筒对带钢表面擦划伤或者留下辊印。

冷带钢卷取的第三个特点就是纠偏控制，带钢精整线往往要求带钢在运行时严格对中，使得卷取的钢卷边缘整齐。所以在卷取机前面都会设有自动纠偏控制装置。

43.4.2　卷取机的核心辅助设备——助卷器

以重卷生产线为例，在生产过程中，由于卷取钢卷质量较小，所以卷取机不会采用外支撑，那么在卷取的过程中，皮带助卷器就显得尤为重要。助卷器主要的作用就是在带钢刚到卷取机时，由于没有牵引装置，带头不会随着卷取机的方向卷取。因此，通过助卷器的皮带跟随芯轴旋转引导带头跟随芯轴旋转。当卷取机能够建立正常张力时，助卷器就没有任何作用且对卷取还会造成危害，例如划伤带钢，同时卷取外径过大也会将助卷器损坏。所以在助卷完成之后，助卷器必须退出卷取范围。在助卷过程中，皮带会消耗带钢一部分张力，因此，在卷取前期设定一些硬芯卷取张力是保证带钢品质的必要手段。

重卷生产线的卷取机的皮带助卷器如图 43-2 所示。

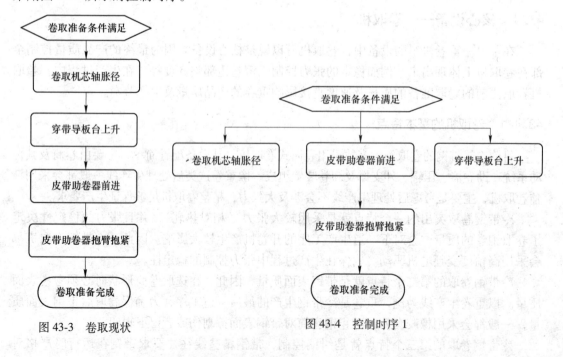

图 43-2　皮带助卷器

经过长期的生产操作发现，卷取机的卷取准备阶段还能够进行优化，现阶段生产过程中卷取的现状如图 43-3 所示。

卷取准备时的顺序是芯轴胀径、导板台抬至上极限（约 15s）、皮带助卷器小车向前移动至前极限位（约 10s）、助卷器抱臂抱紧（约 5s），此时卷取准备完成。

在长期的生产过程中观察发现，这种顺序执行的设备动作会浪费很多时间。因此建议采用图 43-4 所示的控制时序。

图 43-3　卷取现状　　　　　　　　　图 43-4　控制时序 1

卷取准备结束之后，下一步是自动穿带。如图 43-5 所示。

图 43-5 自动穿带

自动穿带的时序逻辑图如图 43-6 所示。

当带钢到达卷取机卷筒转动 3 圈后，带钢停止运动，助卷器抱臂自动打开（5s），助卷器小车自动后退至后极限（10s），此时带钢开始处于爬行状态 30m/min，同时导板台自动下降至下级限位（15s），当导板台行至下极限位后机组方可提速运行。如图 43-7 所示。

在长期的生产过程中观察发现，这种顺序执行的设备动作会浪费很多时间。因此建议采用图 43-8 所示的控制时序。

通过观察认为，在卷取准备和穿带完成后带钢运行提速前这段时间可以进行优化。以节省时间，达到提高产量的目的。

首先将导板台导板前端去除掉一小部分约 10cm（图 43-2 中长方形标注部分），不会对生产造成影响，之后通过自动化修改自动程序，将卷曲准备做成导板抬起时助卷器小车也同时向前行进，助卷器小车行驶到前极限后抱臂抱紧。自动化人员还要将卷取 3 圈带钢停止运动这个点取消，使带钢一直处于运行状态。将导板台导板前端去除掉一小部分，其目的是使导板不会和抱臂发生冲撞。这样能缩短卷曲准备时间 15s。同卷取准备相反，穿带完成后在抱臂打开的同时，导板台开始下降，等到导板台行至下极限后，助卷器小车也同时到达后极限位，这时机组可以开始提速生产（同样节省 30s），对产量有很大的提升。

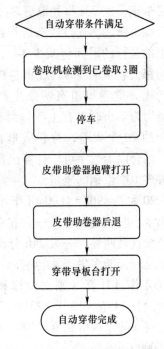

图 43-6 自动穿带的时序逻辑图

重卷机组主要是负责将平整下线后的大卷按用户要求分成小卷，一般情况下，一大卷会分为 3 个小卷。如果一次卷曲准备和穿带完成，到机组提速节省 30s，那一大卷生产完将节省 90s。

以重卷机组最高速度 400m/min 计算，以生产规格为 1mm×1250mm 规格带钢计算（此乃中间规格），机组在高速运行时每 10s 卷曲机将卷曲 650kg 左右带钢，90s 将卷取 5850kg

图 43-7　机组提速运行

（约一个小卷的重量）带钢。如果是厚规格带钢，这 90s 将卷取更多带钢。

　　综上所述，通过改造后带钢在生产线上的运行的时间将减少 1/3，比改造之前每大卷节省 90s。现重卷机组单条生产线（重卷机组有两条生产线）班产能力为半小时左右生产一大卷，每班生产约 20 个大卷，每卷质量在 23t 左右，结合以上数字可以计算出每天每月能够多生产带钢的质量。

　　20 大卷×90s = 1800s（半小时）节约出半小时就能多生产一大卷钢。两条生产线就是两卷，一天 24h 分两个班组也就是一天能多生产 4 卷钢，一个月按 25 个工作日计算（刨去检修和处理事故时间），4 卷×25 天×23t = 2300t。罩

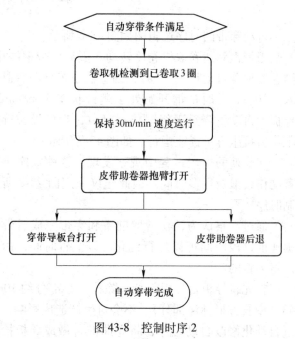

图 43-8　控制时序 2

退卷现在的市场价格在 4500～4800 元之间。按 4500 元计算每月可创收 2300t×4500 元 = 10350000 元。

　　每次卷取准备、穿带完成、机组提速运行，看起来时间很短。但通过卷取优化后能节省出 30s，就是这每次的 30s，一个月下来能为公司创收近千万。在工作中许多不起眼的小事就在身边，只要认真地去观察了解研究它，就会为企业创造出更多的经济效益。

参 考 文 献

[1] 张景进. 热连轧带钢生产 [M]. 北京：冶金工业出版社，2016.

[2] 孟延军. 钢基础知识 [M]. 北京：冶金工业出版社，2015.

[3] 黄庆学. 轧钢生产实用技术 [M]. 北京：冶金工业出版社，2004.

[4] 王会凤. 轧钢生产实习指导 [M]. 北京：冶金工业出版社，2007.

[5] 王延博. 板带材生产原理与工艺 [M]. 北京：冶金工业出版社，1994.

[6] 廖松林. 热连轧精轧机工作辊缩短换辊时间的实践 [J]. 梅山科技，2012（1）：12-14.

[7] 王静宇. 缩短精轧机机换辊时间的研究与改进 [J]. 涟钢科技与管理，2015（4）.

[8] 焦景民，付开忠，佘广夫，等. 攀钢 1450mm 热连轧机自动宽度控制（AWC）技术 [J]. 冶金自动化，2006，03：29-33.

[9] 张春杰，秦红波. 京唐 2250 热轧过程控制系统的应用与研究 [J]. 工业控制计算机，2009，22（09）：68-69.

[10] 黄爽，张杰，谢光远，等. 首钢京唐热轧 2250mm 短行程控制的研究 [J]. 中国科技博览，2012，03：89-90.

[11] 张杰，黄爽，唐勤，等. 1580 热轧钢带宽度控制方法研究 [J]. 河北冶金，2012（6）：18-20.

[12] 谭志福. 热轧带钢板形控制技术探讨 [J]. 中国科技博览，2013（31）：284.

[13] [美] V. B. 金兹伯格 著，马东清等译. 板带轧制工艺学. 冶金工业出版社. 1998.

[14] 王廷溥、齐克敏《金属塑性加工学：轧制理论与工艺（第3版）》冶金工业出版社（2012-06）

[15] 史美堂. 金属材料及热处理 [M]. 北京：机械工业出版社，1992.

[16] 赵志业. 金属塑性加工力学 [M]. 北京：冶金工业出版社，1987.

[17] 王占学. 塑性加工金属学 [M]. 北京：冶金工业出版社，1991.

[18] 毕俊召，葛影. 板带钢生产 [M]. 北京：冶金工业出版社，2013.

[19] 代晓莉，赵宪明. 热轧带钢侧弯的形成机理及主要影响因素的分析 [J]. 钢铁研究，2002，30（6）：26-28.

[20] 王国栋. 冷连轧厚度自动控制 [J]. 轧钢，2003，20（3）：21-70.

[21] 孙一康. 带钢冷连轧计算机控制 [M]. 北京：冶金工业出版社，2002.

[22] 华建新. 全连续式冷连轧机过程控制 [J]. 北京：冶金工业出版社，2000.

[23] 王骏飞. 宝钢 2030mm 冷连轧机板形控制技术的改进 [J]. 宝钢技术，2000（1）：17-21

[24] 邹家祥. 轧钢机械 [M]. 北京：冶金工业出版社，2006；

[25] 李坤. 板形控制的发展及其应用 [J]. 硅谷，2011，（6）：140.

[26] 王林，董建芝. 液压弯辊板形控制的实现 [J]. 冶金自动化，2010（S1）：378-381.

[27] 成大先. 机械设计手册 [M]. 5版. 北京：化学工业出版社，2008.

[28] 聂玉珠. 热轧带钢常见质量缺陷分析 [J]. 金属世界，2011（1）：63-65.

[29] 王有铭，李曼云，韦光. 冶金工业出版社，2009.